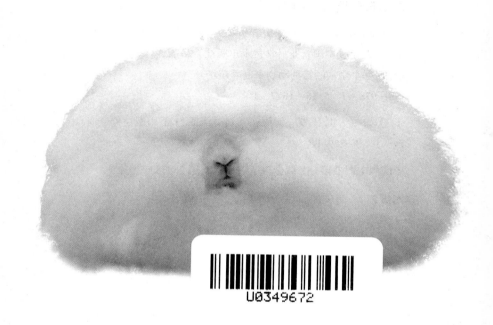

U0349672

如何办个赚钱的
长毛兔家庭养殖场

◎ 罗文华　周勤飞　刘佳霖　主编

中国农业科学技术出版社

图书在版编目（CIP）数据

如何办个赚钱的长毛兔家庭养殖场／罗文华，周勤飞，刘佳霖主编. —北京：中国农业科学技术出版社，2015.3

（如何办个赚钱的特种动物家庭养殖场）

ISBN 978 – 7 – 5116 – 1877 – 1

Ⅰ.①如…　Ⅱ.①罗…②周…③刘…　Ⅲ.①毛用型 – 兔 – 饲养管理　Ⅳ.①S829.1

中国版本图书馆 CIP 数据核字（2014）第 269384 号

选题策划	闫庆健
责任编辑	闫庆健　段道怀
责任校对	贾晓红
出 版 者	中国农业科学技术出版社
	北京市中关村南大街 12 号　邮编：100081
电　　话	（010）82106632（编辑室）　　（010）82109702（发行部）
	（010）82109709（读者服务部）
传　　真	（010）82106625
网　　址	http：//www.castp.cn
经 销 者	各地新华书店
印 刷 者	北京华忠兴业印刷有限公司
开　　本	850mm ×1 168mm　1/32
印　　张	6
字　　数	149 千字
版　　次	2015 年 3 月第 1 版　2015 年 3 月第 1 次印刷
定　　价	19.80 元

前 言

    长毛兔一身是宝。兔毛和兔皮是轻工业的重要原料，可应用于纺织工业和皮革加工业；兔肉鲜美可口，是一种营养丰富的肉食品，深受广大消费者的青睐。此外，长毛兔还可作为科研、医药、动物科技行业的实验样本，兔粪又是农作物的优质有机肥料，可以减少化肥的使用，增加农作物产量。

    目前，长毛兔养殖已经成为广大农村的重要致富门路之一，养殖户越来越多，饲养量也越来越大。由于长毛兔大型规模饲养场投资大，管理技术要求高，疾病控制困难，而且环境污染压力大，当前数量较少；而长毛兔家庭养殖场具有投资少、见效快、成本低、收益大等特点，且饲养技术容易掌握，近年来发展迅速。长毛兔家庭适度规模养殖适合我国农村的实际情况，并且养殖效益显著。

    为促进我国长毛兔养殖业的健康发展，培育适度规模的长毛兔家庭养殖场，提高长毛兔家庭养殖场的经济效益，须大力推广长毛兔科学饲养技术，加强长毛兔场的经营管理工作。为满足广大长毛兔家庭养殖场的技术需要，进一步促进适度规模长毛兔养殖业的发展，笔者编写了《如何办个赚钱的长毛兔家庭养殖场》一书，本书共分 8 章，包括长毛兔的发展历史及养殖前景、特性与引种、养殖场的筹建、长毛兔的实用技术、常见病诊治与预防、养殖场筹建的成本核算及预计收益、产品加工及成功案例等内容。本书兼顾了长毛兔生产的系统性和实用性，能为农村发展长毛兔家庭养殖场提供科学的技术指导。本书既有科研成果和教学心得，又收集了一线生产技术人员的实践经验，有很强的操作性，旨在为各地长毛兔家庭养殖场提供技术参考，培训养兔技术骨干，发展适度规模经营的长毛兔产业，同时，也可供干部及养兔合作社成员学习参考。

另外，本书编写时参考了其他相关书籍，在此，对这些书的作者表示感谢。由于编者水平有限，定有不足之处，望广大读者批评指正。

编 者

2014 年 8 月

第一章　长毛兔发展史及养殖前景

　　我国地大物博，人口众多，可用作兔饲料的农副产品资源丰富，为我国长毛兔产业的发展提供了良好的条件。我国养殖长毛兔已有百余年历史。最初引进长毛兔只是为了观赏；在 20 世纪 50 年代开始进行商品生产，通过出口兔毛原料赚取外汇，随后长毛兔在我国各地迅速发展起来。养殖长毛兔是增加农民收入的重要途径，在农村经济中发挥着越来越重要的作用。近年来，随着我国经济的快速发展，国内兔毛加工技术和兔毛制品消费能力逐步提高，长毛兔产业得到稳定发展。目前，我国长毛兔的养殖数量占世界长毛兔养殖总量的90%，兔毛产量占世界兔毛总产量的95%，已成为真正的世界长毛兔养殖大国。我国农业产业结构调整，实行退耕还林、还草，提倡种草养畜，为长兔业的发展创造了前所未有的大好条件。

第一节　长毛兔起源

　　长毛兔是毛用兔的俗称，原译名是安哥拉兔，起源于小亚细亚一带，名字来自安哥拉城，即现在的土耳其首都安卡拉。人们通常认为世界上长毛兔只有一个品种，即安哥拉兔，但事实上，除了安哥拉兔以外，还有一个长毛兔品种——狐狸兔。安哥拉兔是 1708 年在英国首次被发现的从标准毛类型兔中突变产生的长毛类型兔，1723 年被英国海员带到法国，随后被引种到世界各地。经过不同国家的长期驯化和选育，安哥拉兔体型外貌出现了分化，形成了体型外貌、生产性能等方面各具特点或较大差异的多个类型。如德国培育的安哥拉兔属中型细毛型长毛兔，法国培育的安哥拉兔属中型粗毛型长毛兔，中国培育的安哥拉兔属小型混合毛型长毛兔等。长毛兔有白、黑、栗、蓝、灰、黄等多种颜色，白色兔的眼为红色，有色兔的眼睛为黑色，又被称为彩色长毛兔。白色兔毛有利染色，所以，全世界主要以饲养白色长毛兔为主。

由于长毛兔具有较高的使用价值，很快被其他国家引进。世界各地的长毛兔种源都是来自安哥拉兔，各国分别培育出了的不同类型的安哥拉兔，在我国就有不同的品系，如"法系安哥拉兔"、"德系安哥拉兔"、"英系安哥拉兔"、"中系安哥拉兔"等。但目前国外一些学者对这种称谓存在争议，他们认为这些不同类型的安哥拉兔视为不同的品种，如美国家兔育种者协会编辑出版的《世界家兔品种及其育成历史》一书，把"中系安哥拉兔"作为中国的家兔品种，由此看出，国内外对长毛兔品种品系的认识存在差异。

第二节　我国长毛兔养殖发展史

我国从 20 世纪 20 年代开始引进英系和法系安哥拉长毛兔，但是数量很少，仅作为观赏。长毛兔的饲养和兔毛的利用始于 20 世纪 50 年代，最早饲养长毛兔的省市有上海、江苏、浙江等，然后快速发展到安徽、山东、山西、河南、河北及广东等地。1955年我国首次出口长毛兔毛，创汇近3万美元。20世纪60年代我国长毛兔养殖已初具规模，每年兔毛出口量达几百吨，年创汇数百万美元，在畜产品出口中处于较明显的优势位置。这是我国长毛兔发展的起始阶段。

20世纪70年代到80年代中期，是我国长毛兔快速发展阶段。1969年我国兔毛出口量为1 250t，到1985年我国年收购兔毛量达11 000t，出口量数量达到了8 000t，换取外汇2.1亿美元。同时，我国毛纺行业也随之迅速发展，掌握了兔毛的深加工技术，引进先进的兔毛纺织设备，兔毛加工产业初步形成，仅1986年我国就出口兔毛纱2 500t，兔毛衫150万件；这阶段是我国兔毛出口的黄金时期，出口量占世界贸易量的92%以上。

长毛兔养殖业作为典型的外向型畜牧业，深受动荡的世界经济影响。20世纪80年代中后期到2008年，是我国长毛兔养殖业的震荡发展期。该时期历经两次发展困境，即1987—1991年和1998—2008年。国际市场需求低迷，长毛兔产业走向低谷，1990年兔毛出口价仅16.5美元/kg；我国长毛兔养殖户全面亏损，养殖数量锐减。1990年西欧和韩、日等国市场对粗毛型手拔毛需求急剧增加，兔毛价格逐渐回升，最高时收购价达到280元/kg。但到1999年由于世界金融危机的影响，兔毛价格又再次下降到80元/kg，2008年仅出口兔毛1 270t，全国长毛兔存栏量下降了40%～60%。从1982年到2008年的20多年间，我国的长毛兔生产出现了3次大起大落，历史上每次世界经济危机，都会严重影响我国兔业的发展。

2009 年至今，我国兔毛加工能力逐渐增强，国内消费能力逐步增大，兔毛收购价快速上升，价格一般为 200 元/kg 以上。虽然兔毛出口价仍不算高，出口量也不十分理想，但国内兔毛消费量越来越大，长毛兔的养殖区域正逐渐扩大，养殖数量稳步增加，长毛兔养殖仍呈现产销两旺的局面。

第三节　我国长毛兔养殖业现状

目前，我国长毛兔产业发展相对稳定，经初步统计，2011 年国内主产区长毛兔存栏量约 2 800 万只。我国是世界上最大的兔毛生产国，兔毛出口数量远远超过进口数量，主要出口国为日本、韩国、意大利、德国等地，但近几年出口数量大大降低。我国的已梳兔毛主要销往到意大利、英国、日本、韩国和香港地区，这 5 个国家或地区占中国已梳兔毛出口总额的 93% 以上。意大利为中国最大出口国，出口份额达60% 以上；我国的未梳兔毛主要出口到尼泊尔、日本和比利时。

尽管近年毛兔市场不太稳定，呈现波浪式发展状态，但我国长毛兔的养殖数量却在不断增加。国内长毛兔饲养数量大和历史悠久的区域集中在山东、江苏、浙江、安徽、河南、四川及重庆等省市。四川、重庆是兔毛的主产区，经销商多，兔毛加工企业少；河南是大粗毛的主产区，兔毛经销商则以安徽商人居多；江苏、浙江兔毛产量不大，但兔毛加工企业多。

我国长毛兔的种兔质量已明显提高。我国饲养的长毛兔品种主要有德系、法系、皖系、浙系、沂蒙长毛兔及其混杂品种。1959 年，中系长毛兔正式通过鉴定，经过多年的努力，我国长毛兔品种的选育工作取得了显著成效，江苏、浙江、安徽三省农业科学院专家培育出了粗毛型长毛兔新品系。很多长毛兔饲养区出现了特高产的个体和群体，少数个体和群体的产毛量已达到或超过了世界最好水平。

目前，我国兔毛生产量每年在7 000t左右，国内用量占60%以上。兔毛是高端的纺织原料，具有"轻、柔、软、薄、美"等优点。但一直以来受毛纺技术和工艺的限制，高档兔毛制品加工难，兔毛主要依赖原料出口；国内兔毛加工技术水平落后，兔毛加工业发展迟缓，制约了兔毛在纺织行业的广泛应用。纺织行业对兔毛需求的不稳定性，导致兔毛虽然是重要的纺织原料，而不能成为主要的纺织原料，直接影响着长毛兔产业的发展。通过兔毛加工逐步打破兔毛应用范围小的瓶颈，扩大兔毛在纺织业上的运用范围，是我国长毛兔今后的发展方向。随着我国纺织工业的发展，目前，国内兔毛需求量逐渐增加，兔毛储量呈逐年减少的趋势。

近五年来，兔绒的生产量、加工量发展迅猛，市场潜力巨大。随着人民生活水平的提高，对兔绒和兔毛制品的需求日益增加。对于质量一致、标准化程度高的兔毛，不论是粗毛还是绒毛的价格都呈上升趋势，发展机梳兔绒是提高兔毛在纺织业中应用的关键。另外，兔毛相对容易储存，应对市场的波动能力比獭兔要强，长毛兔养殖将迎来一个较快的发展时期。

但是，我国长毛兔的发展也存在一些问题。主要品系的产毛量已显著提高，而兔绒的一些优势生物学特性正在快速丧失，兔毛原料变粗，不仅出绒率低，而且细度无法通过梳理和变性恢复，已无法满足优质兔绒产品的生产要求；大多数地区以小规模散养为主，兔舍等基础设施简陋，养殖技术水平较低，标准化生产数量少，环境控制能力差；专业从业人员相对较少，人工成本高、导致养兔户效益难以显著提高。因此，片面追求产毛量，兔毛的长度等指标达不到一级毛和特级毛的标准，影响了产成品质量，降低了农户的养殖效益。此外，政府和行业主管部门对长毛兔产业的扶持力度有待进一步加强。

第四节　我国长毛兔养殖前景

兔毛因其具有保暖、柔软、轻盈、吸湿、亮丽等天然特性，享有天然纺织纤维明珠的美誉，是极具市场潜力的纺织原料。兔毛适应各种酸性环保染料，染色效果具有双色性。兔绒可纺高支纱，可用来制作各种具有艳丽、华贵、高雅特色的服饰。兔毛细腻、光滑，其绒毛细度比羊绒细，比羊绒更适宜作为精纺原料。此外，与其他纤维混纺相比，兔毛能够改善织物外观和手感，使织物毛感强，手感丰满，增强织物的吸湿性和透气性，使织物穿着更加舒适，更好地满足人类在高科技和信息化新时代的需求。

我国兔毛价格将继续坚挺，甚至可能再创新高。兔毛价格上涨主要原因：一是由于国内需求增加、兔毛供给量不足；二是由于前几年养殖户大量减少，长兔毛饲养量大幅下降，恢复比较缓慢。因此，在今后较长的一段时间内，长毛兔生产将保持良好的发展势态。

近年来，随着我国毛纺技术的不断提高，特别是机梳兔绒的开发成功，大幅度地降低了粗毛和二型毛比例，有效改善了兔毛制品掉毛等缺陷，提高了兔绒在高档毛衫中的应用比例，加强了纺织工业高档服饰和薄型面料的开发，促进了兔毛消费。随着兔毛在高档纺织面料和高档毛衫中的应用比例不断上升，兔毛需求将继续增加，毛兔产业发展前景看好。

　　另外，在纺织加工使用的动物纤维中，兔毛是唯一的既不占用耕地，又不破坏生态环境，加工中还无需洗毛及炭化工序的优质环保原料。因此，作为纺织原料，兔毛具备其他产品无可比拟的优势，长毛兔的养殖前景广阔。

第二章 **长毛兔特性与引种**

第一节　长毛兔各品系特点

安哥拉兔（Angora rabbit）是目前唯一的商用毛用兔品种，我国称长毛兔。安哥拉兔最早在 1708 年于英国发现，因毛似安哥拉山羊而得名。18 世纪中叶后传入法、美、德、日等国。安哥拉兔被各国引进后，根据不同的社会经济条件培育出若干品质不同、特性各异的安哥拉兔。比较著名的有英系、法系、日系、德系和中系安哥拉兔等。这里的"系"只是人们的习惯称呼而已，它代表的是各具特点"品种类群"，甚至可以认为是独立的品种。

一、英系安哥拉兔

该兔产于英国，我国早在 20 世纪 20～30 年代开始引进饲养，曾对我国长毛兔的选育工作起到积极作用。

1. 外貌特征

全身被毛白色、蓬松、丝状绒毛，形似雪球，毛质细软。头型偏圆，额毛、颊毛丰满，耳短厚，耳尖绒毛密厚，有的整个耳背均有长毛。四肢及趾间脚毛丰盛。背毛自然分开，向两侧披下。

英系安哥拉兔

2. 生产性能

英系兔体型紧凑显小，成年体重 2.5～3.0kg，高的达 3.5～4.0kg，体长 42～45cm，胸围 30～33cm；年产毛量公兔为 200～300g，母兔为 300～350g，高的可达 400～500g；被毛密度为每平方厘米 12 000～13 000 根，粗毛含量为 1%～3%，细毛细度 11.3～11.8μm，毛长 6.1～6.5cm。繁殖力较强，年繁殖 4～5 胎，平均每胎产仔 5～6 只，最高可达 13～15 只；配种受胎率为 61%。

由于该兔体型小、产毛量低，体质弱、抗病力差，目前已很少饲养。

二、法系安哥拉兔

原产法国，是当前世界著名的粗毛型长毛兔。我国早在

20 世纪 80 年代开始引进饲养。

法系安哥拉兔

1. 外貌特征

全身被白色长毛，粗毛含量较高。额部、颊部及四肢下部均为短毛，耳宽长而厚，耳尖无长毛或有一撮短毛，耳背密生短毛，俗称"光板"。被毛密度差，毛质较粗硬，头型稍尖。新法系安哥拉兔体型较大，体质健壮，面部稍长，耳长而薄，脚毛较少，胸部和背部发育良好，四肢强壮，肢势端正。

2. 生产性能

法系兔体型较大，成年体重 3.5~4.6kg，可达 5.5kg，体长 43~46cm，胸围 35~37cm。年产毛量公兔为 900g，母兔为 1 200g，最高可达 13 00~1 400g；被毛密度为每平方厘米 13 000~14 000 根，粗毛含量 13%~20%，细毛细度为

14.9~15.7μm，毛长 5.8~6.3cm。年繁殖 4~5 胎，每胎产仔 6~8 只，配种受胎率为 58%。

该品系长毛兔兔毛较粗，粗毛含量高，适于纺线和作粗纺原料；适应性较强，耐粗饲性好，繁殖力较高，并适于以拔毛方式采毛。

三、德系安哥拉兔

该兔原产于德国，是目前世界上最普遍、产毛量最高的一个品系。我国自 1978 年开始引进饲养。

德系安哥拉兔

1. 外貌特征

全身被白色厚密绒毛。被毛有毛丛结构，不易缠结，有明显波浪形弯曲。面部绒毛不甚一致，有的无长毛，亦有额毛、颊毛丰盛者，但大部耳背均无长毛，仅有耳尖有一撮长毛，俗称"一撮毛"。四肢、腹部密生绒毛，体毛细长柔软，排列整齐。四肢强健，胸部和背部发育良好，背线平直，头型偏尖削。

2. 生产性能

德系兔体型较大，成年体重 3.5 ~ 5.2kg，最高可达
5.7kg，体长 45 ~ 50cm，胸围 30 ~ 35cm。年产毛量公兔为
1 190g，母兔为 1 406g，最高可达 1 700 ~ 2 000g，被毛密度
为每平方厘米 16 000 ~ 18 000 根，粗毛含量 5.4% ~ 6.1%，
细毛细度 12.9 ~ 13.2μm，毛长 5.5 ~ 5.9cm。年繁殖 3 ~ 4 胎，
每胎产仔 6 ~ 7 只，最高可达 11 ~ 12 只，配种受胎率
为 53.6%。

德系兔的主要优点是产毛量高，被毛密度大，细长柔软，
有毛丛结构，排列整齐，不易缠结。

四、日系安哥拉兔

日系安哥拉兔原产于日本，中国自 1979 年开始引进饲
养，主要分布在江苏、浙江及辽宁等省。

1. 外貌特征

全身被白色浓密长毛，粗毛含量较少，不易缠结。额部、
颊部、两耳外侧及耳尖部均有长毛，额毛有明显分界线，呈
"刘海状"。耳长中等、直立，头型偏宽而短。四肢强壮，肢
势端正，胸部和背部发育良好。

2. 生产性能

日系兔体型较小，成年体重 3 ~ 4kg，高者可达 4.5 ~ 5kg，
体长 40 ~ 45cm，胸围 30 ~ 33cm；年产毛量公兔为 500 ~ 600g，
母兔为 700 ~ 800g，高者可达 1 000 ~ 1 200g；被毛密度为每

日系安哥拉兔

平方厘米 12 000 ~ 15 000 根，粗毛含量 5% ~ 10%，细毛细度 12.8 ~ 13.3 μm，毛长 5.1 ~ 5.3 cm。年繁殖 3 ~ 4 胎，平均每胎产仔 8 ~ 9 只；平均奶头 4 ~ 5 对；配种受胎率为能 62.1%。

日系兔的主要优点是适应性强，耐粗饲性好。繁殖力强，母性好，泌乳性能高。仔兔成活率高，生长发育正常。

五、中系安哥拉兔

该兔主要饲养于上海、江苏、浙江等地，系引进法系安哥拉兔互相杂交，并导入中国白兔血液，经长期选育而成，1959 年正式通过鉴定，命名为中系安哥拉兔。

1. 外貌特征

中系兔的主要特征是全耳毛，狮子头，老虎爪。耳长中等，整个耳背和耳尖均密生细长绒毛，飘出耳外，俗称"全耳毛"。头宽而短，额毛、颊毛异常丰盛，从侧面看，往往看不到眼睛，从正面看，也只是绒球一团，形似"狮子头"。脚

中系安哥拉兔

毛丰盛，趾间及脚底均密生绒毛，形成"老虎爪"。骨骼细致，皮肤稍厚，体型清秀。

2. 生产性能

该兔体型较小，成年体重 2.5~3.0kg，大的达 3.5~4kg，体长 40~44cm，胸围 29~33cm；年均产毛量公兔为 200~250g，母兔为 300~350g；被毛密度为每平方厘米 11 000~13 000根，粗毛含量为 1%~3%，毛纤维较细，毛质均匀；繁殖力较强，每胎产仔 7~8 只，高的可达 11~12 只；配种受胎率为 65.7%。

该兔母性好，仔兔成活率较高，适应性强，较耐粗饲。但体型小，生长慢，产毛量低，被毛易缠结成块。体质较弱，抗病力较差。

第二节　我国近年选育的长毛兔品种

一、唐行长毛兔（Tanghang angora rabbit）

　　上海市嘉定县唐行种兔场从 1981 年开始以本地安哥拉兔作母本，德系安哥拉兔作父本，经过级进杂交与横交固定，到 1986 年底选育出遗传性能稳定，生产性能优良的种群，1986 年 5 月通过品系鉴定，定名为唐行长毛兔。

唐行长毛兔

　　该兔分 A 型（一撮毛型）和 B 型（半耳毛型）两种。A 型兔头面较长，耳宽大，耳毛短少，耳尖有簇毛，额部有一撮毛飘出。体躯长，四肢毛长；B 型兔头形略圆，耳边、耳背有绒毛，额、脸部也有绒毛。体型大，四肢绒毛丰满。成年体重公兔 4.5kg，母兔 4.6kg。被毛中含粗毛较多，粗毛率公兔 11.62%，母兔 13.12%，故不易缠结，松毛率达 95%。以 90 天产毛量乘以 4 估计平均年产毛量公兔 984.1g，母兔 1045.16g。繁殖性能好，窝均产仔 7.3 只。

二、皖系(I型)长毛兔(Wan angora rabbit)

由安徽省农业科学院畜牧研究所以德系安哥拉兔与新西兰白兔杂交并经横交固定选育而成。该兔体躯发育良好，成年体重公兔 4.1kg 以上，母兔 4.2kg 以上。胸部宽阔，骨骼粗壮。眼眶周围和鼻梁一般无长毛，额颊部和耳背部的绒毛覆盖不一，耳尖端以"一撮毛"者偏多，部分个体颈部有细微皱褶。生产性能较好，平均年产毛量 835.6g，粗毛含量 10% 以上。母兔窝均产仔 7.26 只，21 日龄仔兔平均个体重 350g 以上，母兔的泌乳力高，仔兔早期生长发育快，6 周龄断奶个体重 830g 以上，断奶成活率达 82% 以上。

皖系长毛兔

三、镇海巨型高产长毛兔(Zhenhai giant angora rabbit)

　　浙江省镇海种兔场采用本地长毛兔与德系安哥拉兔等多个品种的长毛兔杂交并经严格选育而成，1989 年通过国家鉴定。该兔体质健壮，体型大，呈矩型，胸围宽大，头型较粗大，四肢健壮、端正。成年体重 5.0kg 以上，高者可达7.45kg。被毛密度大，绒毛较粗，不缠结。繁殖力强，母性好，后代生长快，仔兔成活率高，2 月龄平均体重达 2.0kg 以上。产毛量高，平均年产毛量 1 500 ~ 2 000g。全国家兔育种委员会于 2000 年 10 ~ 12 月对该场培育的巨高毛兔进行了部分生产性能测定，实测数量 1 000 只（其中，母兔 800 只，公兔 200 只），养毛期 73d，公兔平均实测产毛量 343g（最高个

镇海巨型高产长毛兔

体495g），平均估测年产毛量1 715g（最高个体2 475g），平均体重5 111g（最高个体6 250g）。母兔平均实测产毛量388g（最高个体591g），平均估测年产毛量1 940 g（最高个体2 955g），平均体重5 197g（最高个体6 750g）。该兔受到了国外养兔界的极大关注和赞赏，许多养兔专家称其为"兔中之王"、"中国长毛兔的明星"等。

四、荥经长毛兔(Yingjing angora rabbit)

由四川省荥经县畜牧局、四川农业大学、雅安市畜牧局联合培育的中型细毛型长毛兔新品系，成年公母兔平均体重分别为3.9kg、4.15kg；窝产仔6.59只，成年兔73d养毛期，平均剪毛量为285.6g，年产毛量为1 428g。粗毛率13.7%，毛丛长度5.1cm。

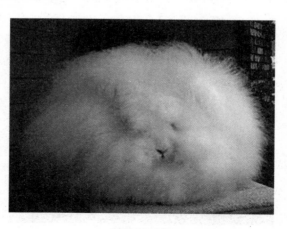

荥经长毛兔

第三节　长毛兔的采食习性

一、食草性

　　兔的口腔特点和具有容积较大的肠胃，以及发达的盲肠，决定了兔子的食草性。兔子对给予的饲料十分挑剔，多叶性饲草、多汁饲料及颗粒性饲料适口性较强。因此，长毛兔在饲养管理中，饲料应以草料为主，精料为辅。据试验，不喂饲草只供给颗粒饲料反而养不好长毛兔，一般青粗饲料应占全部日粮的50%～70%。长毛兔采食青粗饲料的数量，大致为本身体重的10%～30%，体重3.5～4kg的成年兔，每天应供给青粗饲料700～800g，精饲料100～150g。

二、食粪性

　　兔子会采食自己的部分粪便，该特性属于其本身重要的生理现象，与其他动物短缺营养元素的食粪癖有本质不同。通常兔子排出的粪便分为2种，一种是平时在兔舍里看到的硬粪（粒状），约占到日总排粪量的八成左右；另一种是平时不易见到的软粪（团状），多在夜间排出，约占到日总排粪量的二成左右，一经排出便被兔子从肛门处直接吃掉，所以不容易被人察觉。这种食粪行为具有咀嚼动作（容易被人们误为"反刍"），而且发生在静坐休息期间。食粪这一特性可以作为判断长毛兔健康与否的标志，如果早上清理兔粪时发现承粪板上有软粪，则证明该兔有疾病发生。

三、扒食性

在野生条件下，兔凭借自己发达的嗅觉和味觉，对众多的野草和食物具有一定的选择性。在家养条件下，一切饲料靠人工配制提供，它们失去了自由选择饲料的权利，往往造成家兔挑食。通常用前爪在饲槽里扒来扒去，将饲料扒出槽外，甚至会掀翻食槽。在饲料配制时，应做到原料的多样化，并将饲料充分拌匀，控制好饲料质量。喂料时要做到"少喂勤添，先粗后精，定时定量"，一次不能添食太多，以免造成浪费。饲喂时要先粗后精，而且不要喂得过饱，八成饱即可，让长毛兔始终保持旺盛的食欲。

四、啮齿性

兔子善于啃咬较坚硬的物料，兔门齿终生生长，为了磨损不断生长的牙齿，使门齿保持适当长度。生产中，如饲料中粗纤维不足，或硬度不够，牙齿得不到磨损时，长毛兔便寻找笼门、踏板、产箱，甚至食盆水槽等有棱硬物啃咬。为了防止长毛兔乱啃乱咬，饲料中应含足够草粉，制成颗粒饲喂可有效地防止啃咬。平时可在兔笼内投放一些树枝条、木块让其自由啃咬。

第四节　长毛兔生活习性

家兔是由野生穴兔驯化而来。家兔的祖先由于个体小和没有御敌能力，常被其他野兽吃掉，或者因不适应环境而被淘汰。为了种的延续，必须有适应环境的某些生活习性和特点，才能在进化过程中被保留下来。现在的家兔虽然经人类长期的驯化和培育已成为一种常用的试验动物，但仍然不同程度地保留着原始祖先的某些习性和生物学特性。如适于逃跑的体型结构、打洞穴居的习性、夜行性、食草性以及在短期内能够大量繁殖后代的繁殖特性等。家兔的生物学特性与家兔的繁殖、饲养管理、兔舍建筑以及兔产品利用等有密切关系。了解家兔的生物学特性，目的是掌握家兔的生物学规律，应用现代科学的饲养管理方法，尽可能创造适合其习性的饲养管理条件，提高养殖效益。

一、夜行性

家兔的夜行性是指家兔昼伏夜行的习性，这种习性是在野兔时期形成的。野兔体格弱小，御敌能力差，在当时的生态条件下，被迫白天穴居于洞中，夜间外出活动与觅食，久而久之，形成了昼伏夜行的习性，家兔至今仍保留其祖先野生穴兔的这一特性。家兔在夜间活跃，而白天家兔表现较安静，除觅食时间外，常常在笼子内闭目睡眠或休息，采食和饮水也是夜间多于白天。据测定，在自由采食的情况下，家兔在晚上的采食量和饮水量占全日量的 75% 左右。根据兔的这一习性，应当合理地安排饲养管理日程，晚上要供给足够的饲草和饲料，并保证饮水。

二、嗜眠性

嗜眠性是指家兔在一定条件下白天很容易进入睡眠状态的一种特性。让兔仰卧，顺毛方向抚摸其胸腹部并按摩太阳穴时，可使其进入睡眠状态。利用这一特点，在不麻醉的情况下可进行短时间的试验操作。在此状态的家兔除听觉外，其他刺激不易引起兴奋，如视觉消失，痛觉迟钝或消失。家兔的嗜眠性与其在野生状态下的夜行性有关。了解家兔的这一习性，对养兔生产实践具有指导意义。首先，在日常管理工作中，白天不要妨碍家兔的睡眠，应保持兔舍及其周边环境的安静；其次，可以进行人工催眠完成一些小型手术，如刺耳号、去势、投药、注射、创伤处理等不必使用麻醉剂，免除因麻醉药物而引起的副作用，既经济又安全。人工催眠的具体方法是：将兔腹部朝上，背部向下仰卧保定在"V"形架上或者其他适当的器具上，然后顺毛方向抚摸其胸、腹部，同时用食指和拇指按摩其头部的太阳穴，家兔很快就进入睡眠状态。此时即可顺利地进行短时间的手术。手术完毕后，将兔恢复正常站立姿势，兔随即完全苏醒。兔进入睡眠状态的标志是：①两眼半闭斜视；②全身肌肉松弛，头后仰；③出现均匀的深呼吸。其他兔属动物也有这种嗜眠性。

三、胆小怕惊、听觉嗅觉灵敏

家兔具有发达的听觉和嗅觉器官并特别灵敏，但异常胆小，遇有敌害时毫无自卫能力，但能借助敏锐的听觉作出判断，并借助弯曲的脊椎和发达的后肢迅速逃跑，逃避猛禽和肉食兽的追捕。兔耳长大，听觉灵敏，能转动并竖起来收集各方的声响，以便逃避敌害。在家养的条件下，兔仍保留其祖先的这一习性，突然的声响、生人或陌生的动物如猫、狗等都会使家兔惊恐不安，以致在笼中奔跑和乱撞，并以后足拍击笼底而发出响声。这种顿足声会使全兔舍或周围一部分兔同样惊慌起来。如受惊过度兔往往乱奔乱串，甚至冲出笼门。因此，在饲养管理操作中，动作要尽量轻稳，以免发出声响使兔惊恐，同时要注意防止生人或其他动物进入兔舍。兔嗅觉灵敏，可凭嗅觉来判断仔兔，对非亲生仔兔常拒绝哺乳，甚至把仔兔咬死。散养的家兔喜欢穴居，有在泥土地上打洞的习性。

四、喜清洁爱干燥

家兔喜爱清洁干燥的生活环境，厌湿、喜干、耐寒、怕热，兔舍内最适相对湿度为60%～65%。干燥清洁的环境有利于兔体的健康，而潮湿污秽的环境则是造成兔患病的重要原因之一。家兔的被毛较发达，汗腺较少，能够忍受寒冷而不能耐受潮热。当气温超过30℃或环境过度潮湿时，成年母兔易引起减食、流产、不愿哺乳仔兔等现象；炎热的夏季还是家兔传染病易于暴发的季节，兔的抗病力很差，患病后较难治疗，往往给生产造成很大损失。所以，在进行兔场设计和日常饲养管理工作中，都要考虑为兔提供清洁干燥的生活环境。

五、独居性

群居性是一种社会表现。家兔性情温顺，但群居性很差。家兔群养时，相同或不同性别的成年兔经常发生互相斗殴咬伤现象，特别是公兔群养或者是新组成的兔群，互相咬斗现象更为严重，因此，管理上应特别注意。3月龄前的幼兔为了节省笼舍多采用群养；成年兔要单笼饲养，如果群养，同性别成兔经常发生撕咬争斗；成年公母兔也应分笼饲养，可防止乱配和早配。

六、性情温顺

家兔在一般情况下可任人抚摸和捕捉，但捕捉不当也会出现利爪抓人的情况，在饲养管理操作中要注意正确的抓取方法。母兔在产仔哺乳时，有明显护仔现象，若捕捉仔兔，母兔会主动伤人，当遇敌害或四肢被笼子或地板夹住时，会发出尖叫声。家兔发怒、发情或想同伴和仔兔发出报警时，会用后肢猛蹬笼底板。

七、穴居性

穴居性是指家兔具有打洞穴居、并且在洞内产仔的本能行为，家兔的这一习性也是长期自然选择的结果。只要不人为限制，家兔一接触土地就要挖洞穴居，隐藏自身，并在洞内理巢产仔。穴居性对于现代化养兔生产来说是无法利用的，应该加以限制，不过在选择建筑材料和设计兔场时应充分考虑家兔的这一特性。在笼养的条件下，需要给繁殖母兔准备一个产仔箱，令其在箱内产仔。室外笼养兔，要注意防范敌害，如猫、狗、鼠、蛇、鼬、鹰等，最下层的兔笼底部与地面的距离宜高，并有一定密闭性。

八、怕热耐寒

家兔是恒温哺乳动物，正常体温一般保持在 38.5 ~ 39.5℃范围内。家兔被毛浓密，体热不易散发，同时汗腺不发达，不能通过汗腺调节体温，因此怕热。家兔处于 5 ~ 30℃温度条件下，代谢率最低，热能消耗最少，低于 5℃或高于 30℃均能使热能损耗增加。当外界温度过高时，家兔除改变新陈代谢外，利用呼吸散热的方式来维持体温是有限的，所以，兔场的日常工作中，防暑比防寒更重要。研究结果表明，如果家兔周围温度高于 32.2℃，生长发育和繁殖效果都显著下降；如果较长时间在 35℃或更高温度条件下，家兔常常发生死亡。但被毛浓密也使家兔具有较强的抗寒能力，在防雨、防风条件下，能很好地耐受 0℃以下的温度，但会影响繁殖和增加饲料消耗。仔兔、幼兔的体温调节能力不健全，需以调节环境温度来维持体温恒定，尤其在寒冷季节在饲养管理方面应做好保温工作。家兔较适宜的生长繁殖温度一般在 15 ~ 25℃。

第五节　长毛兔换毛特点

由于季节、年龄、营养和疾病等原因，兔毛会发生脱落，并在原处长出新毛，这个过程称为换毛。动物的换毛是个复杂的生物学过程，换毛期毛囊的结构发生明显变化。旧毛的毛乳头开始萎缩，血液供应停止，毛球细胞开始角化，与此同时，在旧毛的下面，发育着新的毛乳头，并形成新的毛球，随着新毛球细胞的不断增殖，形成新毛。正常的换毛应看作是兔对外界环境的一种适应表现。换毛可分为年龄性换毛和季节性换毛。

一、年龄性换毛

年龄性换毛主要发生在未成年的幼兔和青年兔。幼年期第一次换毛约在 30 日龄开始，100 日龄结束，此时长毛兔、皮肉兼用兔若能屠宰上市是最经济的，因为此时毛被成熟，毛皮品质最好，且以后增重速度减慢。育成期换第二次毛，约在 130 日龄开始，至 190 日龄结束。

二、季节性换毛

季节性换毛指兔进入成年后，一年内换两次毛，即春季换毛和秋季换毛。换毛时间的早晚和换毛期的长短，受许多因素的影响，如不同地区的光照、温度、年龄、性别、健康状况及营养水平等，都会影响兔的季节性换毛。春季换毛一般在 3～4 月间，换毛时间较短，换毛快，因为此时光照由短日照向长日照过渡，气温则由寒冷、温暖向炎热转变，皮肤毛囊的新陈代谢旺盛，饲料中青绿饲料增多，营养水平高；秋季换毛约在 9 ~ 10 月，换毛时间长，由于此时光照由长日照向短日照过渡，气温逐渐降低，饲料中粗饲料增多，营养差，新毛生长慢。所以，秋季应注意添加富含蛋白质的饲料。换毛的顺序：先由颈部的背面开始，紧接着是躯干的背面，再延伸到两体侧及臀部，唯有颈部毛在夏季不断地脱换。

第六节　长毛兔选种与引种

一、种兔选择方法

家庭长毛兔养殖场引种时最好请具有专业知识的技术人员协助挑选，对每一只个体进行充分检查。确保种兔质量优秀，是形成优良种群的关键。选择时要注意长毛兔的体型外貌、被毛及健康状况。

● （一）体型外貌选择●

1. 头部

头部形状反映长毛兔的品系特征，由头部可以看出幼兔或青年兔将来的体型大小。头大者，为粗糙型，体型大，产毛量高，粗毛比例较大；头型大小适中、与体躯各部位协调相称者，则为结实型，产毛量最高，毛的品质也最好；头相对较小，外观清秀，则称细致型，一般个体较小，这类长毛兔往往适应能力较差，产毛量也不高。耳朵的大小、形状，有无耳毛或耳毛分布情况，也代表着其品系特征，不同品系不完全相同，但两耳都应该竖立，耳壳内侧呈粉红色，如有一侧下垂或两侧都下垂者，则为不健康的征兆，或有遗传缺陷。

2. 体躯

发育正常、体质健壮的长毛兔要求胸宽而深，背腰宽广、平直，臀部丰满而缓缓倾斜，肋骨开张良好，腹部充实、紧凑、富有弹性。胸窄而浅、背拱、腰细等的个体，均不应选择。

3. 四肢

四肢应粗壮有力、肌肉发达、肢势端正。放在地上让其跳动，前肢无"划水"现象，后肢无瘫痪现象。否则，均应淘汰，不能作为种兔引进。

● （二）被毛检查 ●

被毛是否浓密，生长速度是否快，这是长毛兔重要的经济性状之一。从外形上选定某个体后，再来检查其被毛质量。首先从外观上检查，健康的、品质优良的兔被毛应浓密、柔软、洁白、光亮、蓬松、无结块。被毛无单根毛，绝大多数毛形成一簇簇的毛簇，用口逆着毛生长方向吹开被毛，露出缝隙很小者，说明被毛密度大；如缝隙明显，表明被毛稀疏，也必须淘汰。

● （三）健康检查 ●

在检查完入选种兔的外部形态、被毛密度后，应进一步检查其健康状况。把好种兔健康关也是引种中比较重要的环节。

1. 鼻、眼检查

健康的兔眼睛明亮有神，不流泪、无眼屎，眼球呈粉红色；鼻黏膜湿润，没有任何鼻液或异物。如果预选兔有鼻液或结痂等，都是慢性鼻炎的表现，不能入选。

2. 消化系统检查

健康的兔食欲旺盛，按规定量添加颗粒饲料一小时后饲槽中应剩食极少或没有剩食。如果剩食量大，则可能是消化系统有潜在的疾病。健康兔的粪便呈椭圆形，刚排出时表面光亮，一粒粒的散落笼下。如果粪粒小、干燥、一端有尖或粪粒变大、湿软，并一个个地粘连成串，说明其有消化道疾病，不能选用。

3. 母兔外阴部检查

健康兔外阴部周围无分泌物，其黏膜粉红湿润。如果阴部有疾患者，外阴部周围有脓性分泌物或渗出液，翻看外阴部则发现黏膜发红。

4. 检查公兔外阴部

对公兔着重查看有无睾丸、睾丸大小，是双睾还是单睾。凡是双睾且睾丸比较大，两侧睾丸大小相近，阴囊明显垂于腹壁以外的可以选做种用。凡睾丸小，两侧大小不一致，或单睾、隐睾的都不能入选。

二、引种注意事项

引种是否成功直接关系到养兔的成败，因此，在引种时应注意以下几个方面的问题。

● (一) 切实做好引种前的准备工作●

首先应仔细阅读有关的养兔书籍，初步掌握家兔的生活习性、管理技术、疫病防治等技术要点，根据实际需要筹建养兔场。兔舍的建造力求做到便于管理、利于防病、适于生长繁殖，准备好饲料、食具等，引种前对兔笼、兔舍及用具进行彻底消毒。

● (二) 引种数量●

初次引种，应根据自己的经济实力和种兔、兔毛市场行情决定引种数量。少则 8 ~ 10 只母兔，2 ~ 3 只公兔；多则 100 ~ 200 只母兔，25 ~ 40 只公兔。一般宜少不宜多，待掌握一定的饲养技术后再扩大生产规模。

● (三) 种兔年龄●

一般引进青年种兔，在 5 月龄左右，体重在 3 ~ 3.5kg，引回本场后饲养 2 个月左右就能初配。建议对 2 月龄及以下的种兔慎引或不引。

● (四) 了解种兔相关信息●

引种前应对供种单位进行考察、对种兔的品种纯度、来源、生产性能、疫情及价格等情况了解清楚。要求供种单位进行疫苗注射和驱虫处理，并提供供种场的免疫、驱虫方案。要求供种场提供每只种兔的系谱档案。

● (五) 引种季节●

一般以春季、秋季引种为宜，其次是冬季，最好避开炎热的夏季。

● （六） 减少应激，搞好运输●

为减轻环境、运输等方面的应激反应，在运输笼中最好每兔一格，在晚上运输，途中应搞好防暑、防寒、防风等工作。运输时间超过24h的，中途需饲喂青绿多汁饲料。

● （七） 合理饲喂引进种兔●

种兔引进后，应先休息1~2h再卸车放入兔笼，然后饮用添加了电解多维、黄芪多糖、维生素C、食盐的水溶液，为防止暴饮，供水量不必太多。饮水1~2h后再饲喂由供种场提供的饲料，在1周内逐步将原饲料调整为新饲料，按时定量饲喂。种兔运回场后，应进行一段时间的隔离暂养，待观察无病后，方可混群，对兔群应实行有计划的药物防治措施。

第三章 **长毛兔家庭养殖场的筹建**

第一节 场址选择

长毛兔养殖场的场址选择十分重要，因为这是长毛兔今后生活的环境。在选场、建场的过程中，应充分考虑长毛兔的特性和生活习性、饲料等资源状况以及环境保护等多种因素。长毛兔场场址一般应当符合以下条件。

一、地势、地形及面积

场址应选择地势高燥、平坦、有适当坡度、排水良好的地方，要向阳背风，面积宽敞，地下水位在2m以下；地势低注、排水不良及背阴的狭谷地方不宜作兔场，这样的场地湿度大，细菌和寄生虫繁殖快，兔病多。一只基础母兔及其仔兔按 $1.5 \sim 2.0 \text{m}^2$ 建筑面积计算，一只基础母兔规划占地为 $8 \sim 10 \text{m}^2$。

二、水源

一个理想的兔场，必须要有水量充足、水质良好的水源。最好的水源是泉水、溪间水或城市的自来水，其次是江河中流动的活水，最次为池塘水。水质应符合《生活饮用水卫生标准》（GB 5749—2006）的要求，便于保护和取用。

三、土质

兔场用地最好是砂质壤土。这类土壤透水性强，能保持干燥，导热性小，有良好的保温性能，可为兔群提供良好的生活条件。土壤的颗粒较大，强度大，承受压力大，透水性强，饱和力差，在结冰时不会膨胀，能满足建筑上的要求；这种土壤由于空气和水分的矛盾比较协调，也是植物生长的良好土壤，有利于饲料作物的生长，而黄土、黏土则不宜作兔场场址。

四、社会联系

交通要较方便，但应和公路、铁路和村庄有一定距离，要远离屠宰场、牲畜市场、畜产品加工厂、牲畜来往频繁的道路、港口或车站。因交通运输频繁的地区，携带病菌较多，易造成疾病的传播，同时噪声较大。

兔场场址与居民点不能混在一起，中间应有一定的卫生间隔，把兔场与居民点适当分隔起来，这对居民的环境卫生和长毛兔的卫生防疫工作都有很大的好处。兔舍之间也要有50m左右的卫生间隔，舍内外要有消毒设备，以防传染病的发生。

另外，兔场周围要有一定面积的耕地供种植饲料。要处理好兔舍的朝向，根据我国的地理位置和长期经验来看，南向兔舍在全国各地区都较为适宜，在冬季可获得较多的日照，夏季避免过多的日射，并有利于自然通风。但可根据当地情况向东或向西偏转15°以内；兔舍之间平行排列，兔舍间距应为高度的1.5~2倍。

第二节　兔场布局

一、规划的基本原则

兔场建筑应紧凑，同时考虑将来技术提高和改造的可能性，为兔场扩建预留一定空间。

二、兔场的分区布局

兔场建筑设施必须明确分为生产区、管理生活区、辅助区3个区域，各区之间界限明显，联系方便。生产区是兔场的核心部分，其排列方向应面对该地区的常年风向。为了防止生产区的气味影响生活区，生产区应与生活区并列排列并处偏下风位置。生产区内部应按核心群种兔舍—繁殖兔舍—育成兔舍—幼兔舍的顺序排列，并尽可能避免运料路线与运粪路线的交叉。管理生活区占全场的上风和地势较高的地段，其位置应尽可能靠近大门口，使对外交流更加方便，也减少对生产区的直接干扰。包括职工宿舍、食堂、办公室、接待室、培训教室、饲料间、车库和防疫消毒设施等组成。辅助区包括兽医室、病死兔处理间和粪尿处理设施等，辅助区设在生产区、管理生活区的下风向，以保证整个兔场的安全。

各个兔场对区域的具体布局，本着有利于生产和防疫、方便工作及管理的原则，合理安排。对于大型长毛兔养殖场，各个功能区之间的间距应大于 50m，并用防疫隔离带或墙隔开。

三、道路设置

兔场与外界需有专用道路连通，场内主干道 5.5 ~ 6.0m，支干道 2 ~ 3m。场内道路分净道和污道，净道不能与污道通用或交叉，隔离区必须有单独的道路。道路地面应坚实，排水良好。

第三节 兔舍建筑形式

长毛兔主要是笼养，兔舍内一般有单列式兔笼、双列式兔笼和多列式兔笼 3 类。

一、单列式兔舍

●（一）室外单列式兔舍●

这种兔舍实际上既是兔舍又是兔笼，是兔舍与兔笼的直接结合。因此，既要达到兔舍建筑的一般要求，又要符合兔笼的设计需要。兔笼正面朝南，兔舍采用砖混结构，为单坡式屋顶，前高后低，屋檐前长后短，屋顶采用水泥预制板或波形石棉瓦，兔笼后壁用砖砌成，并留有出粪口承粪板为水泥预制板。为适应露天条件，兔舍地基应高以些，兔舍前后最好要有树木遮阳。这种兔舍造价低，通风条件好，光照充足；缺点是不易挡风挡雨，冬季繁殖小兔有困难（图1）。

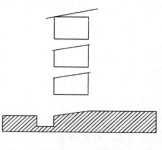

图1 室外单列式兔舍示意图

● （二） 室内单列式兔舍●

这种兔舍四周有墙，南北墙有采光通风窗，屋顶形式不限（单坡、双坡、平顶、拱形、钟楼、半钟楼均可），兔笼列于兔舍内的北面，笼门朝南，兔笼与南墙之间为工作走道，兔笼与北墙之间为清粪道，南北墙距地面20cm处留有对应的通风孔。这种兔舍冬暖夏凉，通风良好，光线充足，缺点是兔舍利用率低（图2）。

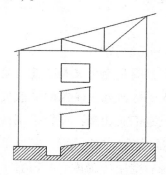

图2 室内单列式兔舍示意图

二、双列式兔舍

●（一）室内粪沟双列式兔舍●

为两排兔笼背靠背，两列兔笼之间为粪沟，兔笼门的两面为人行道，屋顶为双坡式（"人"字顶）或钟楼式。南北墙有采光通风窗，接近地面处留有通风孔。兔笼结构与单列式兔舍基本相同。这种兔舍，室内温度易于控制，通风透光良好，饲养员可在室内操作。由于空间利用率高，饲养密度大，在冬季门窗紧闭时有害气体浓度也较大（图3）。

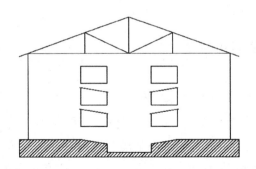

图3　室内双列式兔舍示意图

●（二）室内粪沟双列式兔舍●

这种兔舍为半开放式兔舍。两排兔笼面对面而列，两列兔笼的后壁就是兔舍的两面墙体，两列兔笼之间为工作走道，粪沟在兔舍的两面外侧（室外），舍外有专门的粪污沟、雨水沟和清污通道。屋顶为双坡式（"人"字顶）或钟楼式，屋顶雨水直接滴入雨水沟内。这种兔舍通风好，饲养人员操作方便，但冬季需安装卷帘，夏季也需专门的舍顶降温设施或通过场内绿化降温（图4）。

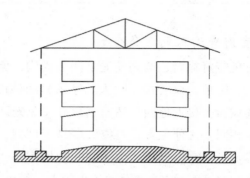

图4　半开放双列式兔舍示意图

三、多列式兔舍

● **（一）垂直多列式兔舍**●

　　室内以多列三层式为主，也有六列、八列等，也有单列层式。屋顶为双坡式，其他结构与室内双列式兔舍大致相同，只是兔舍的跨度加大，一般为8～12m。这类兔舍的最大特点是空间利用率高，缺点是通风条件差，室内有害气体浓度高。湿度比较大，需要采用机械通风换气（图5）。

● **（二）阶梯多列式兔舍**●

　　室内以多列二层式为主，也有多列三层式。屋顶为双坡式。兔笼一般为金属笼，底层兔笼为母兔笼，靠人行道处有产仔箱。第二层兔笼饲养商品兔或种公兔。粪沟在舍内，一般较深，适合机械清粪。兔舍的跨度加大，一般为8～12m。

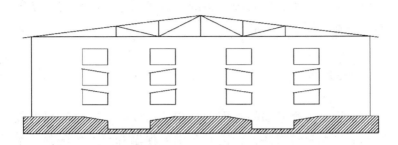

图 5　垂直多列式兔舍示意图

这类兔舍的最大特点是机械化程度高，一般安装自动投料系统和自动清粪系统，由于产仔箱和母兔笼边在一起，降低了接产的劳动强度（图6）。

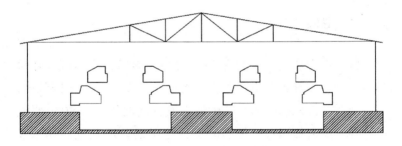

图 6　阶梯多列式兔舍示意图

第四节　兔舍建设要求

　　兔舍既是家兔的生活空间，又是生产车间。对兔舍设计与建筑，既有建筑学方面的技术要求，又有家兔生物学方面的专业要求。兔舍形式、结构、内部布置必须符合家兔的饲养管理和卫生防疫要求，也必须与不同的地理条件相适应。

在建筑上要有相应的防雨、防潮、防暑降温、防兽害及防严寒等措施。

一、舍顶

舍顶是兔舍上部的外围护结构，用以防止降水和风沙侵袭及隔绝太阳辐射热，无论对冬季的保温和夏季的隔热，都有重要意义。屋顶坡度，常采用高跨比，在寒冷积雪和多雨地区，坡度应大些，一般高跨比为 $1:2 \sim 1:5$。有条件的兔场可在舍顶加隔热层、安装喷淋系统等，有利于夏季降温；为加强通风换气可在舍顶安装无动力抽风装置。

二、地面

兔舍地面质量，不仅影响舍内小气候与卫生状况，还会影响长毛兔的健康及生产力。对地面总的要求是：坚固致密，平坦防滑，抗机械能力强，耐消毒液及其他化学物质的腐蚀，耐冲刷，易清扫消毒，保温隔潮，能保证粪尿及洗涤用水及时排走。为防雨水及地面水流入兔舍，便于粪尿的清理及自然流出，兔舍地面要高出舍外地面 $20 \sim 30cm$。

三、舍高

通常以净高即地面至天棚（天花板）的高度表示。舍高则有利于通风，但不利于保温。因此，寒冷地区净高一般为 $2.5 \sim 2.8m$，炎热地区应加大 $0.5 \sim 1m$。

四、兔舍跨度和长度

兔舍的跨度要根据长毛兔的生产方向、兔笼形式和排列方式以及气候环境而定。一般单列式兔舍跨度不大于3m，双列式4m左右，三列式5m左右，四列式6~7m。兔舍跨度过大不利于通风和采光，也给建筑带来困难，一般跨度控制在10m以内。兔舍的长度可根据场地条件、建筑物布局灵活掌握。为便于兔舍的消毒和防疫以及粪尿沟的坡度，兔舍长度应控制在50m以内。

五、雨污系统

兔舍的排污系统由粪尿沟、沉淀池、暗沟、蓄粪池、雨水沟等组成。

粪尿沟：排出舍内粪、尿和污水，根据不同笼舍的具体情况可设在墙角外或笼后。粪尿沟的宽度根据兔笼的粪便排出方式而定，不宜过宽，以减少与大气接触面，沟底面呈月牙形，便于清理粪尿沟。粪尿沟坡度一般为1%~1.5%。粪尿沟表面必须光滑，一般以水泥抹地或铺设地板砖。需要收集干粪的长毛兔场可在粪尿沟月牙形底部再挖一条小沟后铺设滤网，滤网上为干粪，兔尿可通过下面小沟直接流向蓄便池。

沉淀池：是将粪便中的固形物进行沉淀的小井，上接粪尿沟，下通暗沟，为防止被残草、粪便等堵塞，应在沉淀池入口处设滤网。需要收集兔干粪的长毛兔场也可每幢兔舍设沉淀池，在沉淀池入口滤网处收集干粪。

暗沟：是沉淀池通向蓄粪池的地下管道。为防臭气回流，暗沟要开口于池的下部，管道呈3%～5%的坡度。

蓄便池：用于蓄集舍内排出的粪尿和污水，应设在舍外5m以外的地方。池底及四壁要坚固，不透水，池的上口要高出地面10cm以上，以防地面水流入池内。

雨水沟：舍顶的雨水或雪水直接滴入雨水沟，防止雨污混合后增大粪污处理量。

六、门窗

兔舍的门应结实耐用，开启方便，关闭严实，防兽害，保证生产过程（如运料、清粪等）的顺利进行。兔舍门向外开，门上不应有尖锐突出物，门的大小和位置因情况而异。

兔舍的窗主要用于自然采光和自然通风。窗户的装置和结构对兔舍的光照度、温湿度和空气的新鲜度等都有重大影响。窗户面积愈大，进入舍内的光线愈多。窗户面积的大小，以采光系数来表示，即窗户的有效采光面积同舍内地面面积之比。兔舍的采光系数：种兔舍1：10左右，育肥舍1：15左右。

入射角是兔舍地面中央一点到窗户上缘所引的直线与地面水平线之间的夹角。入射角愈大，愈有利于采光。兔舍窗户的入射角一般不小于25°。

从采光效果看，立式窗户比水平式窗户好。但立式窗户散热较多，不利于冬季保温。故寒冷地区在兔舍南墙设立式窗户，在北墙设水平式窗户。为增加保温能力，寒冷地区窗户可设双层玻璃。

七、通风换气系统

●（一）自然通风●

主要靠打开门窗或以修建开放式、半开放式兔舍达到通风换气的目的。我国南方多采用自然通风，但在炎热的夏季要辅以机械通风。北方地区在温暖季节主要是采用自然通风，但在寒冷的冬季，为保温而关闭门窗，靠自然通风不能保证应有的换气量，应设置特殊的换气装置。对半开放和封闭式兔舍可在舍顶安装天井或天窗。自然通风方式适合小规模兔场，在兔群密度不大的情况下实施有效，不适用于大规模、高密度的兔舍。

●（二）机械通风●

又称动力学通风，适于机械化、自动化程度较高的大型兔场，又分正压通风和负压通风两种。正压通风是指风机将舍外新鲜空气强制送入舍内，使舍内压力增高，舍内污浊空气经风口或风管自然排走的换气方式。可对进入的空气进行加热、冷却或过滤等预处理，从而可有效地保证舍内适宜的温湿度和清洁的空气环境，在寒冷和炎热地区适用，但造价高，管理费用也大。负压通风是通过风机抽出舍内污浊空气，使舍内气压相对低于舍外，新鲜空气通过进气口或进气管流入舍内而形成舍内外空气的交换。负压通风比较简单，在舍顶安装无动力抽风装置即可达到效果，这个方法投资少，管理费用低，因此被多数兔场采用。

● （三） 混合式通风 ●

　　同时用风机进行正压送气和负压排气，适于兔舍跨度和长度均较大的规模化兔场。

八、清粪系统

　　小型兔场一般采用人工清粪，即用扫帚将粪便集中，再装入运输工具内运出舍外。大型兔场机械化程度较高，则采用自动清粪设备。常用的有导架式刮板清粪机和水冲式清粪设备。

● （一） 导架式刮板清粪机 ●

　　由导架和刮板组成。导架由两侧导板和前后支架焊接而成，四角端由钢索与前后牵引钢索相连。刮板由底板和侧板焊接构成。导架式刮板清粪机适于阶梯式或半阶梯式兔笼的浅明沟刮粪。其工作可由定时器控制，也可人工控制。缺点是粪便刮不太干净，钢丝牵引绳易被腐蚀。

● （二） 水冲式清粪设备 ●

　　水冲式清粪是以大量的水同时流过一带有坡度的浅沟，将兔粪冲入贮粪池或其他设施。水冲式清粪消耗动力小，设备简单，投资小，容易操作，但需水量大。

第五节 兔场设备

一、兔笼

家庭养殖场推荐使用传统三层式兔笼（水泥预制件兔笼或镀锌金属笼）或二层、三层阶梯式兔笼（镀锌金属笼）。兔笼以兔体长为标准，一般笼长为兔体长的 1.5~1.8 倍，笼宽为兔体长的 1.2~1.5 倍，笼高为兔体长的 1~1.2 倍（表1）。

表1　长毛兔兔笼设计尺寸（仅供参考）

成年体重（kg）	笼底面积（m²）	笼长（cm）	笼宽（cm）	笼前高（cm）
5.5 以上	0.4	75~80	55~60	40~45
4.0~5.5	0.3	60~75	55~60	40~45

笼壁一般用砖砌或水泥预制件，承粪板和笼底板的间隔为10cm，笼底板用竹片或木栅条制作，以条宽1.5~3.0cm、间距1.5~2.0cm为宜。承粪板用水泥预制件（厚度为2.0~2.5cm）或地板砖，要求防漏防腐，便于清理消毒。为避免上层兔笼的粪尿、冲刷污水溅污下层兔笼内，承粪板应向笼体前伸3~5cm，后延5~10cm，前后倾斜角度为10°~15°，以便粪尿经板面自动落入粪沟，并利于清扫。如用铁丝笼，直接购买长毛兔专用镀锌兔笼即可，但笼底需另外添加竹片或木栅条制作的笼底板或兔专用脚垫。

二、食槽

长毛兔家庭养殖场可在市场上购买到兔专用食槽，或用水泥、陶瓷或竹筒自己制作也行。选购或制作的食槽，应考虑防止兔"扒槽"的习惯，尽量固定食槽。

三、饮水器

长毛兔常用的饮水器有乳头式和鸭嘴式两种，饮水管采用不透光的塑料管。每栋兔舍饮水系统可分为二组或三组，每组饮水系统要配加药桶，每组饮水系统最低处设一水笼头或水阀，以便于清洗管道。

四、产仔箱

可采用 1.5~2.0cm 厚木板自己钉制，箱底开孔。也可直接购买塑料箱作为产仔箱。

五、仔兔保温设备

根据每批产仔窝数和产仔箱大小制作保温设备。一般可采用木板钉制成"多层货架式"保温箱，每层安装加热管（板），用温度控制器控制。小型家庭养殖场可用红外线灯或白炽灯加热，配 2~3 支温度计即可。

第四章 长毛兔饲养实用技术

第一节 长毛兔营养及饲养标准

■ 一、长毛兔的营养生理

长毛兔需要从饲料中获得充足的营养物质用以维持其正常的生理活动及生产需要。如果营养物质供给不足，搭配不合理，会直接影响长毛兔的繁殖生长及相关的生产水平，使兔体营养平衡失调，新陈代谢紊乱，免疫力下降；严重时还会造成长毛兔死亡，对家庭养殖长毛兔造成极大的经济损失。因此，了解长毛兔对各类营养物质的需要，为长毛兔提供量足、质好的饲料，对提高长毛兔养殖效益有重要作用。

● （一）对水分的需要 ●

水是长毛兔的重要营养物质，兔的生存与生产都离不开水。水约占长毛兔体重的70%，主要参与长毛兔的消化、吸收、运输、分解、代谢、免疫等多种生理机能。长毛兔的需水量较大，日常饲料中含有的水分不能满足长毛兔的生理需要。因此，养殖户需要每天提供一定数量的清洁饮水。长毛兔的饮水一般通过饲喂器在每次喂料后供给，有的兔场采用自动饮水器供给。一般成年兔每天的需水量约为干饲料食用量的 2 倍，生长发育期幼兔和哺乳母兔需水量为 4 倍，主要根据养殖场环境、长毛兔生长阶段及饲料组成进行合理配比。室内温度高、饲料含水量低时，需要加大供水量。当气温由 20℃升高到 30℃时，家兔的饮水量增加 50% 以上。饲喂颗粒饲料时，中小型兔每天需水量为 300～400mL，大型兔为 400～500mL。

长毛兔饮水不足，会造成食欲减退、精神沉郁，导致长毛兔喝尿、乱食杂物，严重影响长毛兔的消化功能，诱发消化道疾病的产生。幼兔缺水，其体重会大幅度下降，抑制幼兔的生长发育。产后母兔饮水不足，会造成少乳、啃食幼崽等问题。种公兔饮水不足，会出现性欲减退，精液品质差等问题。

● **(二) 对碳水化合物的需要** ●

饲料中的碳水化合物是长毛兔生长繁殖的主要能量物质，为长毛兔维持体温、呼吸、消化、排泄、生殖、活动等基本的生理机能提供能量。同时，碳水化合物还可以调节长毛兔体内代谢，防治酸中毒。

长毛兔所需要的碳水化合物主要来源于植物性饲料，如玉米、大麦、麦麸、高粱、米糠。碳水化合物包括单糖、双糖、淀粉、纤维素等，长毛兔能够充分利用单糖和双糖，可消化吸收 80% 以上的淀粉。对纤维素的消化率则有一定的差异，然而适当的纤维素可以促进消化道的正常蠕动，使长毛兔顺利排泄，大量使用精料时要注意日粮中粗纤维的含量。

● **(三) 对蛋白质的需要** ●

蛋白质是长毛兔体内各种酶、激素、抗体、精子、卵子等生物活性物质的基本组成成分，还是构成长毛兔机体的最主要成分，如肌肉、血液、皮毛、内脏等都是由蛋白质组成的。蛋白质缺乏会严重影响兔体的正常生长发育，严重危害长毛兔的正常生产，还会造成哺乳兔泌乳不足，危害幼兔的发育。

构成蛋白质的基本单位是氨基酸。长毛兔食用含有蛋白质的饲料后，在体内将其消化、分解成为游离氨基酸，再根据需要，将不同的氨基酸合成为机体所需的体蛋白。氨基酸分为两类：一类是动物体内可以合成的，称为非必需氨基酸；另一类则是动物体内不能合成的，只能通过外源食物补充的氨基酸，称为必需氨基酸。必需氨基酸是维持机体正常机能不能缺少的物质，由于必需氨基酸不能由机体合成，因此，必须通过饲料进行补充。目前发现的氨基酸有 22 种，其中，有 8 种是兔必需氨基酸。长毛兔的必需氨基酸主要有：蛋氨酸、精氨酸、赖氨酸、组氨酸、亮氨酸等。

必需氨基酸对长毛兔毛产量及品质有很大的影响，例如色氨酸缺乏时，会造成长毛兔生长停滞、皮肤干燥，毛发发育不全；含硫氨基酸对产毛特别重要，当缺乏蛋氨酸、胱氨酸、半胱氨酸时会严重影响兔毛的质量和产量。

饲喂长毛兔的日粮应该重点注意饲料质量，而不是盲目地追求高蛋白含量。长毛兔对蛋白质的需要，在一定程度上取决于蛋白质的品质。蛋白质中的氨基酸越完全，比例越适合，长毛兔对它的利用率就越高。生产实践中，为提高蛋白质的使用率，多采用多种饲料配合，使不同的必需氨基酸能够相互补充。例如豆科植物中含有较多的赖氨酸和色氨酸，能够对缺少这两种氨基酸的玉米饲料进行补充，两者配合使用可以提高日粮蛋白质的利用率。在日粮蛋白质品质、营养配比比较合理的情况下，不同生理时期长毛兔对蛋白质的需要量为：生长兔16%，妊娠兔15%，哺乳母兔17%，空怀兔14%。如果饲料中蛋白质含量不足，或配比不合理，长毛兔会出现生长缓慢、体重减轻、精液品质下降、母兔不发情、受孕难、少奶和胎儿发育不良等问题。如果蛋白质含量过多，还会造成饲料浪费，影响长毛兔健康，引发机体功能紊乱，甚至造成蛋白质中毒。

● （四）对脂肪的需要 ●

脂肪是长毛兔兔体不可缺少的营养元素，它不仅可以为机体提供能量，还作为能量贮存器用以保存体内多余的能量，沉积体脂，起到缓冲及保护机体内脏的功能，是兔体组织的重要组成物质，还是脂肪酸、磷脂及维生素溶剂的主要来源。在长毛兔日粮中添加2%～5%的脂肪，能够极大地提高饲料的适口性，促进肠道吸收脂溶性维生素。缺乏脂肪会严重抑制维生素A、维生素D、维生素E、维生素K的吸收。此外，兔体正常的内分泌和外分泌活动也都需要脂肪，特别是哺乳兔，需要脂肪来促进母乳的分泌。

长毛兔体内的脂肪可以通过饲料中的碳水化合物转化为脂肪酸后合成。然而，脂肪酸中的亚麻油酸、次亚麻油酸、花生油酸在兔体内不能合成，需要由饲料供给，因此，也被称为必需脂肪酸。必需脂肪酸在长毛兔体内作用较为复杂，其缺乏时会造成生长发育不良，繁殖能力下降，严重影响长毛兔皮毛的质量和光泽。一般豆类、米糠、鱼粉含脂肪较多，能够为长毛兔提供足够的脂肪营养需要。

● （五）对矿物质的需要 ●

矿物质是指长毛兔体内的无机元素，约占兔体重的 5%。矿物质主要参与机体内各种生命活动，例如，调节体内渗透压、保持酸碱平衡、参与神经的兴奋性传导等；矿物质还是体内多种生物活性物质的重要组成部分，在新陈代谢过程中起着至关重要的作用，是长毛兔正常生长和繁殖所必需的营养元素。

1. 钙和磷

钙和磷属于常量无机元素，是兔体内含量最多的两种元素，是骨骼和牙齿的主要组成成分。钙还存在于细胞和组织液中，对神经传导、肌肉收缩以及血液的凝集有着重要的作用。而磷在血清、蛋白质、核酸和磷脂中都存在，还是三磷酸腺苷（ATP）、二磷酸腺苷（ADP）以及磷酸六碳糖的重要组成部分，在碳水化合物代谢中起着至关重要的作用。钙的吸收受到日粮中钙、磷、维生素 D 含量的影响，通常认为，钙和磷比例为（1.5～2）∶1 时吸收率较高。泌乳母兔由于产奶而排出大量的钙和磷，因此，必须适当提高日粮中钙和磷的含量，为母兔补充微量元素。当日粮中缺少钙、磷时，易导致长毛兔患软骨病、产前产后瘫痪及幼兔佝偻病。一般认为，长毛兔日粮适宜的含钙量为 1.0%～1.5%，磷为 0.5%～0.8%。

2. 钠和氯

钠和氯属于常量无机元素，是食盐的主要组成成分，存在于长毛兔的体液中，两种元素协同维持细胞外液的渗透压，参与胃酸的合成，维持胃内适宜的酸度。同时，钠和氯对淀粉酶、神经传导、肠蠕动也都有影响。缺乏钠和氯会导致长毛兔食欲不振，生长缓慢，皮毛粗糙，出现异食癖。在长毛兔日粮中应加入0.5%的食盐（氯化钠），用于满足长毛兔对钠和氯的生理需要。

3. 钾

钾属于常量无机元素，是细胞内的主要阳离子，缺乏时，容易引发机体机能和结构的异常，造成严重的肌肉营养不良。生长兔日粮中钾的含量最少应为0.6%。在实际饲养中，必须重视日粮中钠、钾、氯的平衡，若日粮中钾含量过高也容易引发长毛兔患肾炎。某些牧草具有蓄钾效应，因为施用钾肥而大幅度提高了该牧草的钾含量，因此，在饲用这类牧草时要注意控制长毛兔的采食量，避免因钾摄入过多而引起兔体内矿物质平衡失调。

4. 镁和硫

镁和硫属于常量无机元素，生长兔对镁的需要量为日粮含量的0.03%，而妊娠及泌乳的母兔则需要0.04%的镁供应量。镁含量过高或过低容易造成长毛兔吃毛、皮毛品质下降、生长发育不良或引发过度兴奋而痉挛。缺乏硫会抑制兔肠道微生物的组成和功能，影响纤维素的消化，日粮中含有0.04%的硫可满足长毛兔对硫的需要。

5. 铁

铁属于微量无机元素，是组成血红素和肌红蛋白的必需元素，是细胞色素酶类和多种氧化酶的重要组成部分。在试验条件下，缺铁会诱发兔患低色素小细胞性贫血症，从而严重影响兔的生长和繁殖。为保证长毛兔对铁的需求，生长兔和妊娠母兔日粮干物质中的含铁量为 50mg/kg，泌乳兔为 100mg/kg。

6. 铜

铜属于微量无机元素，在长毛兔体内以肝、肾、心脏和大脑中含量最多，是细胞色素氧化酶、抗坏血酸氧化酶等的组成成分。参与血红蛋白和兔体毛色素的合成，能够促进机体对铁元素的吸收。当机体内缺乏铜元素时，会影响铁的吸收利用率，即使铁含量丰富，也会引发贫血，出现消瘦、下痢、生长缓慢、皮毛粗糙、生育能力显著下降。一般谷物籽实及其加工副产品中含有丰富的铜元素，饲喂长毛兔的饲料中铜含量为 3mg/kg 时即可以满足需要。有研究显示，饲料中铜含量为 200mg/kg 能够促进幼兔的生长、提高早期受精卵的附植成活率。

7. 锌

锌属于微量无机元素，主要存在于合成核糖核酸的酶系统中，是细胞生长的必需元素，同时锌对精子的成熟也具有重要的作用。锌可以通过与兔体内的多种含锌酶的合成来加速激素的合成与释放，促进核酸与蛋白质的合成、细胞的分裂、生长和再生。缺锌会造成长毛兔黏膜及皮肤发炎，脱毛，骨骼畸形，免疫功能下降，抗病能力弱，消化不良，腹泻，性功能降低，胚胎早死率增加，产仔率下降等问题。一般可以通过添加硫酸锌来缓解缺锌症。

8. 锰

锰属于微量无机元素，是兔体内骨组织和性激素必需酶的组成成分。能够促进机体内骨骼、性器官的正常生长发育，对长毛兔的生长、繁殖及造血都起着重要的作用。长毛兔缺锰时，易对软骨生长造成损害，卵巢及睾丸不能正常发育或发生萎缩，导致长毛兔长骨弯曲，骨的重量和密度降低；性机能发育不全或衰退，孕兔产死胎、弱胎等严重问题。为长毛兔提供锰元素主要通过添加硫酸锰或饮用含有高锰酸钾的清洁水。

9. 钴

钴属于微量无机元素，是长毛兔消化道微生物合成维生素 B_{12} 所必须的微量元素，可以加速兔毛的生长。钴缺乏症易发生于土壤缺钴的地区，通过饲喂含氯化钴、硫酸钴的饲料，可防治家兔的缺钴症。

● （六） 维生素 ●

维生素是一类微量有机化合物，但它不是能量提供者和机体的主要构成组分。它作为一组具有高度生物学特性及生物学活性的低分子化合物，对维持长毛兔的正常生理机能有着不可替代的作用。如果缺乏，会发生维生素缺乏症，表现为生长缓慢、繁殖力低下、代谢紊乱、抗病能力下降、甚至死亡。各类维生素均由碳、氢、氧组成，部分还含有一种或者多种矿物质微量元素，除少部分维生素可以在动物体内合成外，一般都需要由饲料供给。

1. 维生素 A

维生素 A 属于脂溶性维生素，只存在于动物体内及其副产品中，一切植物性饲料中均不含维生素 A，只含有胡萝卜素，即维生素 A 源，它可以在肠壁和肝脏中转变为维生素 A。

在青饲料供给顺利的情况下，饲料中含有 50mg/kg 的胡萝卜素即可防止维生素 A 缺乏，保证长毛兔的正常生长繁殖。维生素 A 与长毛兔的视觉上皮细胞、消化及生殖上皮细胞的健全功能有着密切的联系，缺乏时，可造成兔眼结膜角质化，发生夜盲症；导致多种器官抵抗能力下降，易感染各种病菌，造成兔体患伤风、结核及腹泻等疾病，还会造成长毛兔兔毛变粗、变硬、色泽不好。在饲料加工的过程中易造成胡萝卜素大量损失，因此，在对青饲料高温、高压、化学处理及贮存条件上要多加注意。

2. 维生素 B 族

维生素 B 族属于水溶性维生素，包括核黄素（B_2）、泛酸（B_3）、烟酸（B_5）、吡哆醇（B_6）和维生素 B_{12}。

（1）核黄素。即维生素 B_2，主要参与长毛兔体内的氧化还原反应，对主要营养物质的代谢过程具有重要的作用。核黄素缺乏时，易造成食欲不振、毛皮粗糙、生长不良，影响长毛兔的繁殖与泌乳。一般核黄素在青饲料和动物饲料中含量丰富，长毛兔可以在饲料中获得充足的核黄素。

（2）泛酸。即维生素 B_3，与长毛兔体内脂肪和胆固醇的合成具有十分重要的联系。泛酸缺乏时，家兔易发生皮肤和眼的疾病。泛酸广泛存在于各种饲料中，然而饲料的高温加工会破坏泛酸，因此在饲料的生产加工时要注意方式与方法。

（3）烟酸。即维生素 B_5，是机体内部分生物酶的重要组成成分，参与细胞的呼吸和代谢。缺乏时，会引发食欲不振、生长发育不良、下痢、皮毛粗糙。烟酸可在长毛兔体内由色氨酸合成，并广泛分布于各种饲料中。谷实类饲料含量较多，但是呈结合状，不易被兔体利用。

（4）吡哆醇。即维生素 B_6，是氨基酸代谢中的重要酶类之一，如转氨酶和氨基酸脱羧酶的辅酶成分。吡哆醇缺乏时，会造成兔体蛋白质沉积减少，对铁的吸收利用率降低而发生细胞生成障碍性贫血，导致家兔生长速度缓慢，神经系统病变，出现供给失调和抽风等问题。一般饲料中吡哆醇含量并不能满足长毛兔的生长需要，因此，必须加以补充，生长期幼兔的饲料应补充吡哆醇 $50mg/kg$，其他兔则补充 $40mg/kg$。

（5）维生素 B_{12}。是一种含钴元素的维生素，具有促进长毛兔体内蛋白质合成的作用，维生素 B_{12} 可以在机体内合成，可以不用依靠饲料供给，与日粮的组成无关。

3. 维生素 C

维生素 C 属于水溶性维生素，为一种多羟化合物，极易被氧化剂所破坏。维生素 C 参与机体内一系列的代谢过程，具有抗氧化作用，易氧化为脱氢抗坏血酸，保护其他化合物免被氧化，长毛兔一般不需要从饲料中获得。

4. 维生素 D

维生素 D 属于脂溶性维生素，主要功能是促进钙和磷的吸收，调节钙和磷在骨骼中的沉积。维生素 D 缺乏，长毛兔易患佝偻病、软骨病、牙齿发育不良等疾病。维生素 D 过多，可造成长毛兔维生素 D 中毒，使软组织钙化。维生素 D 广泛存在于动物体中，植物中一般不含有维生素 D，而含有维生素 D_2 原（麦角固醇），经过日光照射可转变为维生素 D_2。兔体皮肤中含有 7-脱氢胆固醇，经阳光照射后可以转化为维生素 D_3。豆科牧草中含有丰富的维生素 D。

5. 维生素 E

维生素 E 属于脂溶性维生素，可称为生育酚，在家兔体内参与调解碳水化合物代谢，防止细胞中不饱和脂肪酸、维生素 A 等易氧化物质被氧化破坏；可以促进性腺的发育成熟和生殖功能的健全，与长毛兔的生殖力有重要的关系。此外，维生素 E 与神经、肌肉组织代谢有关，严重缺乏时，可引起肌肉营养不良。家兔饲料中维生素 E 会随着饲料贮存时间的延长而不断损失，青饲料在自然干燥时维生素 E 可损失 90% 左右，因此，在一般饲喂条件下，还需要在日粮中添加适量的维生素 E，添加量为 20～25mg/kg；当缺乏新鲜青饲料时，为维持维生素 E 的供应，添加量需要增加至 40mg/kg。

6. 维生素 K

维生素 K 是一种脂溶性维生素，是兔体内形成凝血酶原所必需的一种重要维生素。维生素 K 缺乏易影响兔体的血液凝固，使外伤的凝血时间增加或出血不止。植物性饲料中含有丰富的维生素 K，同时家兔肠道内也能合成，因此，长毛兔一般不易缺乏。

二、长毛兔的饲养标准

饲养标准是指总结大量的饲养经验、实验结果并结合实际生产中需要的特定元素，对各种不同动物所需要的营养物质进行定额、系统的规定。这种饲养标准是动物生产计划中组织饲料供给、设计日粮配方、平衡饲料营养并对动物进行标准化生产的技术指南和科学依据。它往往规定了特定品种的动物在不同体重、年龄、性别、生理状态和生产水平条件下，每天应该供给的能量和各种营养物质的数量和比例，同时对加工手段、运输手段、贮存手段也做出了一定的规定。一般的饲养标准包含两部分，即营养需要量表和常用饲料的营养价值表。饲养标准中包含的各项营养元素都具有其特殊的营养作用，缺少或者超量都可能引起长毛兔的不良反应。

制定饲养标准的目的是为了指导长毛兔的科学饲养，提高生产效率，降低饲料成本；主要用于为畜禽配制合理、营养均衡的全价日粮饲料，作为养殖场制定全年饲料供应计划的依据。

然而，饲养标准只是针对某些特定品种的畜禽，在一定的生产条件下制定的。在使用时应结合当地当时的长毛兔品种、饲料资源、环境条件、生产水平等灵活掌握，适当调整，不能完全按照饲养标准生搬硬套。其次，饲养标准本身也具有滞后性，不是完全正确的，也不是一成不变的。随着经济的发展与饲养技术的不断提高，饲养标准也需要与时俱进，进一步发展。

过去我国对家兔饲养标准研究很少，在配合日粮时大多数参考德国、法国、前苏联的家兔饲养标难。随着我国养兔业的迅速发展，从 20 世纪 80 年代开始，许多科研单位和高等院校，对长毛兔的饲养标准进行了全面深入的研究，制定了我国长毛兔的营养需要量（详见附表中相关内容）。

长毛兔与肉兔和獭兔在仔幼兔、种兔阶段的营养需差异不大，主要是在成年产毛兔阶段其营养需要有一定的差异。综合国内外研究成果建议如下：①含硫氨基酸是长毛兔的限制性氨基酸，建议产毛兔日粮标准为 0.7%；②产毛兔日粮适宜消化能 10.0 ~ 11.30MJ/kg，粗蛋白 15% ~ 16%，可消化粗蛋白 10% ~ 11.3%，粗纤维 13% ~ 17%。

第二节　长毛兔常用饲料

一、长毛兔的常用饲料

饲喂长毛兔的饲料种类有很多，按营养特性可以分为粗饲料、能量饲料、蛋白质饲料、青绿多汁饲料、矿物质饲料、维生素饲料和饲料添加剂七大类，每种饲料在长毛兔日粮中该如何使用，主要取决于它们自身的营养价值和经济成本，最终还要看它能否给养殖生产带来经济效益。例如，在能量饲料中，一般以玉米为标准，主要比较各种能量饲料的营养价值和市场价格；而在蛋白质饲料中一般以豆粕为标准，重点比较各种蛋白质饲料的市场价格。价格低，效果好则可以选用。

● （一）粗饲料●

粗饲料指的是干物质中粗纤维含量在 18% 以上的饲料，包括青干草类、青干树叶类和秸秆荚壳类等。粗饲料的营养价值和饲喂效果差异很大。如青干草、树叶的营养成分很高，但秸秆荚壳类则不同，其纤维木质素含量很高，但营养价值低。

1. 秸秆类

主要指农作物收获后所剩下的茎秆及枯叶部分，属于农业副产物系列，营养价值因秸秆种类的不同而存在较大的差异。玉米秸秆是我国北方地区的主要兔用粗饲料之一，营养价值受玉米品种、生长阶段、部位影响，夏玉米的营养价值高于春玉米，叶片的营养价值在秸秆中含量最高。相比于其他的秸秆，玉米秸外皮光滑、质地坚硬、比重小，在饲喂长毛兔的过程中不宜添加过多，在10%以内。麦秸是营养价值较差的一种秸秆，粗纤维含量高，含有部分难以被利用的硅酸盐及蜡质，不宜在日粮中大量添加。稻草作为长毛兔饲料明显优于玉米秸和麦秸，可在兔日粮中添加10%～15%。

2. 青干草

由天然草场或栽培牧草收割而来，经风干或晒制而成，营养价值显著高于秸秆。青干草颜色淡绿，长毛兔喜欢采食，是一种优质的长毛兔粗饲料。禾本科牧草蛋白质含量低，钙含量比其他牧草低，但维生素含量丰富，收割晒制容易，可占长毛兔日粮的30%左右。豆科青干草蛋白质含量高，粗纤维含量低，钙含量丰富，饲用价值高。豆科青干草以人工栽培牧草为主，如苜蓿、草木犀等，在日粮中可占45%～50%。在天然青干草中，草的种类很难区分，多以禾本科草为主，豆科草次之，其中，夹杂很多菊科、苋草科等杂草，营养价值相互补充，是养兔的好饲料。

为了增加干草收获量和保证干草的营养价值，必须确定适时的收割期。牧草在幼嫩时期，干物质中蛋白质含量高，粗纤维含量低，干物质消化率高，适口性好，但水分含量高，单位面积干草的产量低。牧草生长后期，虽然单位面积干草产量高，但由于蛋白质含量降低、粗纤维增加，干物质消化率降低，适口性差，营养价值下降。通常禾本科牧草在开花期收割，而粗糙高大的禾本科牧草应不晚于抽穗期（如芨芨草），有的甚至在抽穗前（如芦苇）收割，针茅草应在芒针形成前收割完毕。豆科牧草一般在孕蕾期至初花期收割。

晒制干草时通常可分为两个阶段。第一阶段经太阳暴晒，使水分含量由60%以上迅速下降至38%左右，迫使植株细胞濒临死亡，减少养分损失。第二阶段尽量减少暴晒的面积和时间，堆成小堆，当水分含量达到14%～17%时垛成大垛。其干燥方法多数为田间地面干燥法、架上晒草法和人工干燥法。

3. 树叶类

在各种树叶中，除少数不能饲用外，大部分都可以饲喂，但营养价值受产地、季节、品种、部位影响很大。果树叶鲜嫩时营养价值很高，但落叶枯黄后价值下降很快。果树叶含粗蛋白10%左右，在兔日粮中可占15%～25%，但是需要注意果树叶上残留的农药，避免长毛兔因饲料问题而农药中毒。豆科树叶如刺槐叶和紫穗槐叶，粗蛋白可达18%～23%，含有丰富的营养物质。刺槐叶可占日粮的30%～40%。而紫槐槐叶有不良气味，容易影响长毛兔采食，日粮中一般占10%～15%。其他树叶如杨树叶、榆树叶、柳树叶等也都是长毛兔的好饲料。

● （二）能量饲料 ●

能量饲料指的是干物质中粗纤维含量低于18%，而蛋白质含量不高于20%的饲料。能量饲料的主要目的是为长毛兔提供大量易于消化吸收的能量物质，因此其一般蛋白质含量较低，钙离子等矿物质、维生素种类不完全。家庭饲养长毛兔常用的能量饲料主要有各类作物的种子，如大麦、小麦、玉米、高粱等籽实；粮食加工副产品中的米糠及麦麸等。在家庭饲养的单胃家畜中，长毛兔所需的能量较低。

1. 玉米

玉米是我国重要的粮食作物之一，种植面积广，产量较高，可以利用玉米作为家兔的主要能量饲料。玉米含有较高的能量物质，碳水化合物、粗蛋白、粗脂肪、粗纤维在玉米中含量较高。然而玉米中缺乏赖氨酸、色氨酸等多种长毛兔必需的氨基酸。因此，在使用玉米配制长毛兔日粮时，必须注意蛋白质饲料的补充，适量的补全营养成分。玉米籽实中缺乏维生素 B_{12}，核黄素及泛酸含量较低，部分品种的玉米含有较大量的胡萝卜素。玉米作为饲料在贮藏过程中要保持较低的含水量，防止霉变，使用时再将其粉碎，配制长毛兔日粮。

2. 大麦

大麦也是一种重要的能量饲料，在用量上仅次于玉米，由于大麦在我国种植面积广，极易获取，因此，也是长毛兔日粮的重要组成成分。大麦含有丰富的蛋白质、脂肪、纤维素，含有少量的矿物质及微量元素，含有丰富的维生素 B_1 和维生素 B_5，适口性较好。且由于大麦适应性强、再生能力强，不仅是良好的精饲料，还可以加工成青绿饲料供长毛兔食用。

3. 麦麸

麦麸包括大麦麸以及小麦麸，来源广泛，数量多，成本低廉，能够为长毛兔提供大量的能源物质，营养价值相对较高，富含 B 族维生素及维生素 E。麦麸和其他能量饲料相比质地膨松，具有很好的适口性，长毛兔喜欢采食，可用于弥补玉米饲料中必需氨基酸含量不足的问题，同时含有大量的纤维素及镁盐有利于长毛兔通便，是妊娠后期母兔和哺乳母兔的重要饲料。麸皮在家兔日粮中的用量可高达 40%。

4. 高粱

高粱可以作为玉米的代替谷物，多种植于玉米不适宜生长的半干旱地区。蛋白质、脂肪及纤维素含量与玉米相似，必需氨基酸含量较少。

5. 米糠

米糠含有丰富的 B 组维生素及锰、磷等微量矿物元素，但是由于米糠容易变质，一般在日粮中比例较低。

● （三） 蛋白质饲料●

蛋白质饲料是指干物质中粗蛋白含量 20% 以上、粗纤维含量 18% 以下，主要为长毛兔提供蛋白质源的饲料，蛋白质饲料包括饼粕类蛋白质饲料和动物性蛋白质饲料。饼粕类主要包括大豆饼粕、花生饼粕、棉籽饼粕、菜籽饼粕、芝麻饼粕等，其中，以大豆饼粕和菜籽饼粕应用最多，是最主要的蛋白质饲料。动物性蛋白质饲料主要有鱼粉、蚕蛹、血粉等。

1. 饼粕类蛋白质饲料

（1）豆饼和豆粕是大豆籽实榨油后的副产品。豆饼是大豆压榨后形成的副产品，而豆粕是大豆浸提后的副产品。粗蛋白含量在 43% 左右，胡萝卜素及维生素 D 含量较低，维生素 B_5 含量丰富，一般作为家兔配合饲料中的主要蛋白质来源。豆饼和豆粕能够提高长毛兔的毛产量，促进毛绒的生长、增加毛光泽，在长毛兔的日常饲料中可以适当添加。生豆粕、豆饼需要加热分解其中影响消化的成分才能用于长毛兔的日粮配制。

（2）花生饼粕的营养价值可以与豆饼豆粕相媲美。粗蛋白含量约为 47%，其中精氨酸及组氨酸含量丰富，赖氨酸、蛋氨酸、钙离子、胡萝卜素及维生素 D 含量少。作为原料配制长毛兔日粮前，需要加热灭活胰蛋白酶抑制因子。在贮存过程中必须防止感染黄曲霉菌，避免长毛兔因食用被污染的饲料后，造成家兔中毒。

（3）棉籽饼是棉籽榨油后的副产品。来源广泛、数量巨大，相比于豆粕豆饼及花生饼粕具有较低的价格，是主要的蛋白质饲料资源之一。粗蛋白含量为 36% ~ 41%。然而棉籽饼里含有对畜禽有害的棉酚，且以游离棉酚为主，因此在食用前需要经过脱毒处理。

（4）菜籽饼是油菜籽榨油后的副产品。粗蛋白含量在 30% 以上。菜籽饼含有硫葡萄糖苷，在芥子酶的作用下会产生有毒物质，导致甲状腺肿大。因此，在日粮中添加量需 <10%。

（5）饲料酵母是以植物性蛋白质饲料为基础，接种特殊种属的酵母菌发酵而来的。一般的优质饲料酵母含粗蛋白 50% 以上，同时饲料品质好，消化率高，含有丰富的 B 族维生素、维生素 D 及多种矿物质元素，是长毛兔良好的蛋白质补充饲料。

2. 动物性蛋白质饲料

（1）鱼粉是优质的动物性蛋白质饲料。不仅含有较高的必须氨基酸，还含有维生素及多种矿物质，粗蛋白含量在60%左右。鱼粉是由不宜人食用的鱼类及渔业加工副产品生产而成，由于来源、加工方法的不同，质量差别较大。一般在长毛兔日粮中添加3%以下。

（2）蚕蛹富含蛋白质和氨基酸。氨基酸含量为：赖氨酸3.66%、色氨酸1.26%、蛋氨酸2.21%、胱氨酸0.53%；最大特点是蛋氨酸含量高，赖氨酸与进口鱼粉相当，色氨酸比进口鱼粉高70%~100%，因此，蚕蛹是平衡氨基酸日粮的理想原料；蚕蛹含粗蛋白在55%左右，在长毛兔的日粮中的添加量一般为1%~2%。

（3）血粉是由屠宰家畜时所得的血液经过干燥而制成的。加工方法一般有3种，即吸附法、简单干燥法及喷雾干燥法。血粉的营养价值很高，粗蛋白含量一般为80%，长毛兔日粮中可加入0.5%~1%。

● （四）青绿多汁饲料 ●

1. 青绿饲料

长毛兔除采食部分精料外，主要依靠天然牧草、野草、野菜和树叶等青绿饲料。青绿饲料含水量较高，一般可达60%~80%，某些水生植物，如水浮蓬、水葫芦等的水分可高达95%左右。大部分青绿饲料具有良好的适口性，蛋白质营养价值丰富，含有各种必需氨基酸、特别是赖氨酸、蛋氨酸和色氨酸含量丰富。此外，青绿饲料中除维生素D外，其他维生素含量也很高。青绿饲料一般柔嫩多汁，容易被长毛兔消化吸收。

在我国北方的4~10月、南方几乎全年，都有饲喂长毛兔的各种青绿植物性饲料。这类饲料既可在春、夏、秋三季作为长毛兔的鲜饲料，还可晒成干草加工成干草粉供冬季使用。用于饲喂长毛兔的青绿饲料可分为两类，即野生和人工栽培饲料。野生饲料包括各种野草、野菜以及野生植物的树叶等，都可以作为长毛兔的饲料。而栽培的饲料包括人工牧草、青刈作物和家用蔬菜等。

2. 人工牧草

（1）紫花苜蓿。新鲜的苜蓿是饲喂长毛兔较好的青绿饲料之一，它不仅营养价值高，而且适口性好，长毛兔喜欢采食。用苜蓿饲喂哺乳母兔和仔兔，有利于促进母兔奶水的分泌和仔兔的生长发育。鲁梅克斯 K-1 杂交酸模是我国单位面积粗蛋白产量最高的牧草品种。为多年生植物，高产期 10 ~ 15 年，亩产鲜草 10 ~ 15t，适应性强，营养丰富，干物质粗蛋白含量可达 29% ~ 34%，含有 18 种氨基酸，营养全面，适口性好，各种畜禽都喜好食用。由于水分含量高，粗纤维含量较低，适宜与其他干草饲料搭配喂兔。苦荬菜，又称鹅菜，亩产可达 5 000 ~ 10 000kg，适应能力强，营养价值高，鲜嫩可口，长毛兔爱吃，是很好的青绿饲料。

（2）青刈作物。青刈作物指的是利用农田栽培的农作物或饲料作物，在其结实前或结实期收割作为青绿饲料利用的饲料。常见的有青刈玉米、青刈燕麦、青刈大麦、青刈大豆苗、豌豆苗、蚕豆苗等。其中，青刈大麦苗以及青刈大豆苗由于适应性强、生长快、适口性强，是长毛兔很好的青绿饲料来源。

（3）蔬菜类。青菜、大白菜等各种蔬菜都可以作为长毛兔的青绿饲料，且适口性较好。但青菜、大白菜一次喂量不宜太多，因其中粗纤维含量低、水分含量高，吃多了易引起拉稀、腹泻，饲喂时可以与青干草同时饲喂，效果更好。包心菜，又称卷心菜，产量高，营养好，易贮藏，可以作为冬季青饲料的主要来源。

（4）树叶类。桑树叶、榆树叶、槐树叶等都是长毛兔的好饲料。槐树叶，不仅适口性好，而且营养价值高，除鲜喂外，还可晒干粉碎成槐叶粉，供加工颗粒料。

3. 多汁饲料

是指农作物的块根、块茎、瓜果类的多汁果实以及块根加工后的副产品（如甜菜渣）等，是一种富含水分的长毛兔饲料。这种饲料营养成分不完全，蛋白质含量少，粗纤维含量低，但淀粉和糖分含量高，家兔喜欢吃，能够给长毛兔提供大量的碳水化合物。多汁饲料适宜于喂食哺乳母兔，有促进乳汁分泌的作用，方便贮存，因而可留待青饲料缺乏的季节使用。饲喂多汁饲料时，要和水分含量低、组纤维含量高的饲料（如粗饲料）搭配使用，不宜以单一的多汁饲料长期饲喂，且要限制饲喂量。

长毛兔常吃的多汁饲料有马铃薯（土豆）、胡萝卜、萝卜、红薯、南瓜、冬瓜、西瓜皮、木瓜、菊芋（洋姜）、葫芦和番茄等。

● （五）矿物质饲料●

矿物质饲料所含的营养元素一般都是比较单一的，例如碳酸钙、石灰石粉、蛋壳粉、贝壳粉等都是只含钙的饲料，主要补充饲料中的钙。食盐含钠和氯，满足钠、氯的需要。

磷酸氢钙、磷酸钙、磷酸氢钙和脱氟磷酸盐等，主要作为磷的来源，同时钙也可得到补充。微量元素都是用工业的硫酸盐类来补充，既补给了铁、铜、锌、锰等元素，也供给了硫元素。目前，膨润土、麦饭石等也作为矿物质饲料，应用于长毛兔的日粮配制。

1. 膨润土

是一种层状结晶构造的含水铝硅酸盐矿物质，含有动物生长所需的铁、磷、钾、铝、铜、锌、锰、钴等 20 余种元素，具有营养、吸附、置换等功能。家兔日粮中添加 1% ~ 3%，能明显提高家兔生产性能，减少疾病的发生。

2. 麦饭石

属于碱性岩石系列，能吸附有害有毒物质。麦饭石中含有 27 种动植物正常生长所需的元素，其中，11 种为主要元素，16 种为微量元素，能够成为多种酶、维生素、激素的组成成分。家兔日粮中适宜添加量为 1% ~ 3%。有报道显示，长毛兔配合饲料中添加 3% 的麦饭石，增重提高 23.18%，饲料转化率提高 16.24%。

● （六） 饲料添加剂 ●

饲料添加剂是指为了提高饲料的利用率、补充饲料中所缺少的营养成分，保证和改善饲料的品质，促进畜禽生产，在保证不危害畜禽动物的前提下添加进入饲料的少量或者微量的营养或者非营养性物质。目前，饲料添加剂的使用应该严格遵守国家推出的长毛兔饲养标准及相关行业标准，避免滥用添加剂，造成产品品质的大幅度下降，对消费者带来严重的影响。

1. 营养性添加剂

营养性添加剂主要是为了补充饲料中缺少的特定营养成分，包括维生素添加剂、矿物质添加剂及氨基酸添加剂。

（1）维生素添加剂。饲喂维生素添加剂的主要目的是为了补充饲料中所缺少的特定维生素，添加形式有单一形式的（如某一种维生素），也可以有多种维生素按照适当的比例配置而成的复合维生素。该添加剂可以与其他营养物质合成具有特定用途的产品，在生产中应根据不同的目的与要求选择使用。

（2）微量元素添加剂。是应用较早且普遍的一种营养性添加剂。与维生素添加剂一样，微量元素添加剂是兔日粮饲料中不可或缺的营养物质，根据长毛兔不同阶段、不同特征的营养生理需求，可以添加单一或者复合的微量元素。目前，在长毛兔中使用最多的微量元素添加剂一般都含有铁、铜、锌、碘、锰、钴等微量元素。

（3）氨基酸添加剂。是为了补充长毛兔所必需的氨基酸。长毛兔是食草动物，饲料主要由植物性原料组成，而植物性原料中必需氨基酸组成不完全，蛋氨酸及赖氨酸容易缺乏。因此，在长毛兔日粮配制时需要添加一定量的蛋氨酸、赖氨酸添加剂。一般蛋氨酸添加量为 0.1%，赖氨酸为 0.05% ~ 0.1%。

2. 非营养性添加剂

该类添加剂的主要目的是为了提高畜禽生产水平和饲料利用率，改善饲料的品质及适口性。例如，生长促进剂、驱虫保健剂、饲料改良剂。

（1）生长促进剂。主要用于刺激长毛兔生长，增进健康，改善饲料利用率，提高生产能力。常用生长促进剂包括抗生素、激素、酶制剂等。抗生素是一种抑制微生物生长或破坏微生物生命活动的物质，可促进长毛兔肠道中养分的吸收。激素类在长毛兔中尚未使用。因长毛兔大肠微生物作用很强，酶制剂也很少使用。

（2）驱虫保健剂。球虫是长毛兔的主要体内寄生虫，高温高湿季节多发，为防止球虫，在长毛兔日粮中常添加的抗球虫药物主要有氯苯胍、盐霉素、莫能菌素、球痢灵等。

（3）饲料改良剂。只能改良饲料品质的添加剂，常用的有抗氧化剂、防霉剂、着色剂、调味剂、松散剂、黏合剂等。

二、饲料中的有毒成分及预防

兔常用饲料中有些饲料不同程度地含有某些有毒成分。这些物质，有的阻碍营养物质的消化和吸收，有的是干扰机体正常代谢，降低养殖效益。饲料中有毒物质的毒性在很大程度上取决于它在饲料中的含量，当低于中毒临界水平时可安全饲用，高于临界水平时则会危害家兔的健康，甚至可造成中毒和死亡。

● （一）胰蛋白酶抑制因子 ●

这类物质在生化结构上是由氨基酸残基组成的多肽，在胃内不能被破坏，进入小肠后与胰蛋白酶结合形成复合物，通过粪便排出体外。在这过程中，一方面使胰蛋白酶失去活性，阻碍蛋白质消化，降低蛋白质的利用率；另一方面，由于胰蛋白酶中含有丰富的含硫氨基酸，在家兔消化过程中会导致胰腺机能亢奋，胰蛋白酶大量补偿性分泌造成体内含硫氨基酸的内源性损失，从而引起氨基酸代谢不平衡，导致家兔生长受阻或停滞。

在家兔的常用饲料中，大豆的胰蛋白酶抑制因子含量特别高，可达 $10.7\mu g/g$。因此，长时间饲喂生大豆可发生胰腺代偿性肿大和蛋白质消化不良现象，以生长兔最为明显，成年兔则危害较轻。然而高温处理可破坏胰蛋白酶抑制因子，在热榨豆饼中，胰蛋白酶抑制因子可降低到 $3.4\mu g/g$；大豆煮熟（100℃）时可基本上消除这种有害物质。

● （二）致甲状腺肿大物质 ●

在十字花科植物类饲料原料，如菜籽饼、卷心菜和花椰菜等含有芥子苷（或称硫葡萄糖苷）。该类物质在饲料或动物体内芥子苷酶的作用下，生成异硫氰酸盐和恶唑烷硫酮和腈等有毒物质。这些物质通过消化道被兔体吸收，可阻止甲状腺利用血液中的碘离子，使甲状腺素（三碘酪氨酸和四碘酪氨酸）的合成受阻，引起甲状腺肿大和整个机体代谢紊乱。

在高产油菜品种的菜籽饼中，芥子苷的含量高达 10% ~ 13%。因此，菜籽饼虽然营养丰富，但其饲用价值受到限制。目前，处理方法有：①物理法。充分加热菜籽饼粕，可使硫葡萄糖苷酶失活，也可使异硫氰酸酯分解并挥发除去；②化学法。用硫酸亚铁、硫酸铜处理和补加碘，可减轻菜籽饼中硫葡萄糖苷对甲状腺的影响；③微生物法。用某些细菌和真菌发酵除去硫葡萄糖苷及其降解产物异硫氰酸酯与恶唑烷硫酮。

● （三）棉籽酚 ●

　　棉籽饼含有游离棉酚、棉酚紫和棉绿素等有害成分，其中，游离棉酚占绝对比例，棉籽饼中含量范围为 0.07% ～ 0.24%。棉籽酚对家兔的毒害作用是引起组织损害并降低繁殖机能。在棉籽饼中加入硫酸亚铁可有效地消除棉籽酚的毒害。在家兔日粮中棉籽饼比例适当（5% ～ 10%）则可安全使用。

● （四）植物性血凝素 ●

　　这类物质主要存在于豆科植物中，能引起血球凝集，然而，它在兔体内不被吸收，故不会损害血液循环系统，但可引起肠黏膜损伤和阻碍营养物质的吸收。经加热处理后（煮熟）可破坏植物血凝集。

● （五）皂角苷 ●

　　在某些豆科牧草（苜蓿）和菜籽饼中含有皂角苷，过多采食可引起生长不良和中毒现象，对家兔的影响有待试验观察。不过，由于其味极苦，可明显降低家兔对该种饲料的采食量。

● （六）草酸盐 ●

　　在某些青绿饲料（苋菜、菠菜等）中，草酸和草酸盐的含量较高。在消化道内，草酸可与钙结合成不溶性化合物——草酸钙，从而阻碍钙的吸收。被兔体吸收的草酸可与血清钙结合，发生沉淀，使血钙水平迅速下降，引起肌肉痉挛等症状。因此，对富含草酸盐的青绿饲料，应严加控制饲喂量，以免发生低钙症。

● (七) 霉菌毒素 ●

在家兔饲养中，除了注意饲料中固有的有毒物质外，还必须防止饲料霉变。一些富含蛋白质的饲料是黄曲霉、灰曲霉等产毒霉菌生长的良好基质。家兔黄曲霉素中毒，表现为食欲和饮水废绝，脱水和昏睡，继而发展为肝脏受损和黄疸。某些谷物饲料霉败后可产生桔霉素、柠檬色霉素、T_2毒素和玉米赤霉烯酮等毒素。这些霉素会引起肾脏和肝脏损害、繁殖机能降低，甚至造成死亡。此外，麦角也是一种常见的霉菌性毒素，可危害中枢神经系统和平滑肌，同时还可造成血液循环障碍，引起坏疽，病兔表现为跛行和四肢疼痛等症状。三叶草在发生霉菌生长时，可使所含的香豆素转化成双香豆素，颉颃维生素 K，造成维生素 K 的缺乏症。

第三节 长毛兔日粮配制

日粮是指满足长毛兔 24h 内所需各种营养物质而采食的各种饲料的总量。日粮配合就是根据饲养标准，根据不同年龄、体重、生理状态的长毛兔对营养物质的需要量，采用多种饲料搭配而制成的配合饲粮。该种日粮设计可以提高饲料的利用效率，为长毛兔提供均衡、全价的营养物质。

一、长毛兔的日粮配制原则

● (一) 科学性原则 ●

日粮的配制必须遵循科学性原则，选用新鲜无毒、无霉变、质地好的饲料。配制日粮的饲料必须适合长毛兔的特性及口味，饲料的适口性好坏直接关系到长毛兔的采食行为，适口性好，能够促进长毛兔采食，提高饲养效果。配制的日粮必须满足长毛兔各个阶段的营养标准，避免单个或多种营养成分不足或过量，注意饲料中蛋白质与能量的比例，减少饲料的无谓损耗。配制日粮时多采用不同的饲料进行配比，避免单一饲料而造成营养缺失，有利于营养物质的互补作用。

● （二）经济性原则 ●

饲料成本在长毛兔的生产繁殖过程中占有很大的比重，因此，降低饲料成本，能够显著提高长毛兔饲养的经济效益。一般日粮的配制应充分利用当地资源，选用实惠、营养丰富、质量稳定的饲料资源。特别是蛋白质饲料，针对不同地区，可以选用当地资源以降低成本。

● （三）可行性原则 ●

配制日粮所选用的原料要求价格、质量稳定，能够保持长时间的供应。在同一育肥阶段，饲料配方要保持不变，营养成分维持恒定。在进入饲养的下一个阶段时，尤其要注意饲料的配制问题。

● （四）逐级预混原则 ●

长毛兔日粮中含有多种微量成分用以维持饲料的营养全价，然而含量较低的微量（用量少于1%）成分不易混合均匀。因此，为了提高其在饲料中的均匀度，一般需要进行预混合处理，保证日粮饲料的全面营养，提高饲料的使用效率与经济效益。

二、日粮配方设计

　　根据长毛兔各阶段的营养标准，并结合实际情况作出适当调整；选择当地产、数量大、来源广、价格低的原料。全价颗粒饲料配制时考虑的主要因素有粗纤维含量、能量、蛋白质、氨基酸、微量元素、维生素等，因此在选择饲料原料时应将能量饲料、蛋白饲料、粗饲料及矿物质饲料等原料合理配合。各种来源的饲料原料在家兔饲料配方中添加量大致如下：粗饲料（如苜蓿草粉、干草、树叶、糟粕、作物茎叶等）30%~50%；能量饲料（如玉米、稻谷、小麦、高粱等）25%~35%；糠麸类饲料（如米糠、麦麸等）10%~30%，米糠添加量不能超过15%；植物性蛋白饲料（如大豆、豌豆、胡豆、大豆饼、豆粕、花生饼等）5%~20%，棉籽饼、菜籽饼等有毒饼粕空怀母兔和育肥兔<8%，种公兔、妊娠母兔和泌乳母兔<5%；动物性蛋白饲料（如鱼粉、蚕蛹粉、酵母粉等）0%~5%；食盐0.3%~0.5%；兔专用预混料根据不同厂家生产按要求添加；如果添加兔专用浓缩料则不用添加蛋白饲料。

● （一）手工计算妊娠母兔饲料配方 ●

　　第一步，查实饲养标准，确定主要营养指标为：粗蛋白15%、粗纤维14%、消化能10.89MJ/kg。

　　第二步，选择饲料原料，查饲料营养价值表，列出提供原料的营养含量（表2）。

表2　饲料原料营养价值表

饲料原料	粗蛋白（%）	粗纤维（%）	消化能（MJ/kg）	含量（%）
苜蓿草粉	13.30	30.60	7.37	
玉米	8.60	2.00	15.14	
麦麸	14.40	9.20	10.71	
豆饼	43.00	5.70	15.23	
食盐	0.00	0.00	0.00	
预混料	0.00	0.00	0.00	
营养物质含量				合计
标准	15.00	14.00	10.89	

　　第三步，根据实践经验，初步试配。计算营养物质含量，与标准比较（表3）。其中，粗蛋白含量基本符合标准，但粗纤维高于标准，而消化能又低于标准，所以，应适当增加能量高、纤维含量低的原料（如玉米）的添加量，减少能量低、粗纤维含量高的原料（如麦麸）的添加量。

表3　饲料试配和计算营养物质含量

饲料原料	粗蛋白（%）	粗纤维（%）	消化能（MJ/kg）	添加量（%）
苜蓿草粉	13.30	30.60	7.37	35.00
玉米	8.60	2.00	15.14	20.50
麦麸	14.40	9.20	10.71	30.00
豆饼	43.00	5.70	15.23	10.00
食盐	0.00	0.00	0.00	0.50
预混料	0.00	0.00	0.00	4.00
营养物质含量	15.04	14.45	10.42	合计100.00
饲养标准	15.00	14.00	10.89	
差异	0.04	+0.45	-0.47	

第四步，多次调整。使多数营养指标与饲养标准接近，各营养指标调整与饲养标准基本一致的先后顺序是粗纤维、粗蛋白、消化能。

● （二） 电脑计算妊娠母兔饲料配方●

第一步，查饲养标准和所选饲料原料营养价值表。

第二步，在计算机上打开 Office 软件中的 Excel 程序，并按图所示输入。

第三步，设定运算公式。在 B8（其中 B 为列数，8 为行数，下同）中输入 = SUMPRODUCT（B2：B5，F2：F5）、在 C8 中输入 = SUMPRODUCT（C2：C5，F2：F5）、在 D8 中输入 = SUMPRODUCT（D2：D5，F2：F5）、在 E8 中输入 = SUMPRODUCT（E2：E5，F2：F5），此时求得的即为各种营养素的营养物质含量。在 F9 中输入 = SUM（F2：F7），此时求得的即为各种饲料原料添加量的总和。

Microsoft Excel - Book1

文件(F) 编辑(E) 视图(V) 插入(I) 格式(O) 工具(T) 数据(D) 窗口(W) 帮助(H)

	A	B	C	D	E	F
1	饲料原料	粗蛋白（%）	粗脂肪（%）	粗纤维（%）	消化能（兆焦/千克）	含量
2	苜蓿粉	13.30	1.60	30.60	7.37	
3	玉米	8.60	3.50	2.00	15.14	
4	麦麸	14.40	3.70	9.20	10.71	
5	豆饼	43.00	5.40	5.70	15.23	
6	食盐	0.00	0.00	0.00	0.00	
7	预混料	0.00	0.00	0.00	0.00	
8	营养物质含量					
9	标准	15.00	3.00	14.00	10.89	0.00

第四步，根据经验在 F 列中按原料添加量除 100 后输入，可自动得出各种营养物质总的含量，而此时 F9 的值要求为 1。如图。

Microsoft Excel - Book1
文件(F) 编辑(E) 视图(V) 插入(I) 格式(O) 工具(T) 数据(D) 窗口(W) 帮助(H)

B8 =SUMPRODUCT(B2:B5,F2:F5)

	A	B	C	D	E	F
1	饲料原料	粗蛋白（%）	粗脂肪（%）	粗纤维（%）	消化能（兆焦/千克）	含量
2	苜蓿粉	13.30	1.60	30.60	7.37	
3	玉米	8.60	3.50	2.00	15.14	
4	麦麸	14.40	3.70	9.20	10.71	
5	豆饼	43.00	5.40	5.70	15.23	
6	食盐	0.00	0.00	0.00	0.00	
7	预混料	0.00	0.00	0.00	0.00	
8	营养物质含量	0.00				
9	标准	15.00	3.00	14.00	10.89	0.00

第五步，根据营养物质含量与标准的差异，调整每种原料的添加量，使多数营养与标准接近，各营养物质先后顺序是粗纤维、粗蛋白、消化能、粗脂肪。

Microsoft Excel - Book1
文件(F) 编辑(E) 视图(V) 插入(I) 格式(O) 工具(T) 数据(D) 窗口(W) 帮助(H)

F9 =SUM(F2:F7)

	A	B	C	D	E	F
1	饲料原料	粗蛋白（%）	粗脂肪（%）	粗纤维（%）	消化能（兆焦/千克）	含量
2	苜蓿粉	13.30	1.60	30.60	7.37	0.325
3	玉米	8.60	3.50	2.00	15.14	0.225
4	麦麸	14.40	3.70	9.20	10.71	0.300
5	豆饼	43.00	5.40	5.70	15.23	0.100
6	食盐	0.00	0.00	0.00	0.00	0.005
7	预混料	0.00	0.00	0.00	0.00	0.04
8	营养物质含量	14.88	2.96	13.73	10.54	
9	标准	15.00	3.00	14.00	10.89	1.00

● （三）经验配方●

在南方地区由于缺苜蓿草粉，可根据当地所产原料进行配制。大致比例可按：玉米 20%～22%、麦麸 30%～50%、豆类（黄豆、葫豆、豌豆等）13%～21%、细米糠 8%～13%、蚕蛹或鱼粉 5%～8%、食盐 0.3%～0.5%、兔专用预混料，以上比例可根据兔不同品种、年龄和不同用途作调整，以满足营养需要为准。有苜蓿草粉的兔场，大致比例可按玉米 15%～20%、麦麸 20%～30%、米糠 5%～15%、优质草粉 30%～40%、豆类（黄豆、葫豆、豌豆等）10%～20%、蚕蛹或鱼粉0%～8%、盐0.3%～0.5%、兔专用预混料。

以上全价饲料配制方法为简单易操作的3种，若有专业饲料配方人员，养殖场可选用EXCEL中的规划求解和专业饲料配方软件确定。

第四节　配方实例

各龄配方实例。

●（一）仔兔18～30日龄补充料●

玉米32g，麸皮12.4g、豆粕21g、蚕蛹2g、磷酸氢钙1g、贝壳粉1g、食盐0.3g、优质牧草粉30g、赖氨酸0.2g、蛋氨酸0.1g。每天每只长毛兔饲喂精料5～20g，嫩青草50～100g。

●（二）1月龄●

玉米23.2g，麸皮15g、豆粕14g、蚕蛹5g、磷酸氢钙0.8g、贝壳粉1.4g、食盐0.3g、优质牧草粉40g、赖氨酸0.2g、蛋氨酸0.1g。每天每只长毛兔饲喂精料20～35g，嫩青草100～200g。

●（三）2月龄●

玉米22.1g，麸皮15g、豆粕14g、蚕蛹5g、磷酸氢钙0.8g、贝壳粉1.4g、食盐0.3g、优质牧草粉41g、赖氨酸0.2g、蛋氨酸0.2g。每天每只长毛兔饲喂精料35～50g，嫩青草200～300g。

● （四）3 月龄 ●

　　玉米 20.1g，麸皮 15g、豆粕 14g、蚕蛹 5g、磷酸氢钙 0.6g、贝壳粉 1.4g、食盐 0.3g、优质牧草粉 43.2g、赖氨酸 0.2g、蛋氨酸 0.2g。每天每只长毛兔饲喂精料 5 ~ 20g，嫩青草 50 ~ 100g。

● （五）4 月龄 ●

　　玉米 19g，麸皮 18g、菜籽饼 2.5g、豆粕 10.6g、蚕蛹 5g、磷酸氢钙 0.8g、贝壳粉 1.2g、米糠 15g、豌豆草 10g、食盐 0.36g、优质牧草粉 17g、赖氨酸 0.24g、蛋氨酸 0.3g。每天每只长毛兔饲喂精料 60 ~ 70g，嫩青草 400 ~ 500g。

● （六）5 月龄 ●

　　玉米 17g，麸皮 20g、菜籽饼 3g、豆粕 11.2g、蚕蛹 5g、磷酸氢钙 0.8g、贝壳粉 1.2g、米糠 15g、豌豆草 15g、食盐 0.36g、优质牧草粉 11g、赖氨酸 0.24g、蛋氨酸 0.3g。每天每只长毛兔饲喂精料 70 ~ 80g，嫩青草 500 ~ 600g。

● （七）6 月龄 ●

　　玉米 19g，麸皮 20g、菜籽饼 5g、豆粕 10g、蚕蛹 3g、磷酸氢钙 0.8g、贝壳粉 1.2g、米糠 20g、豌豆草 20g、食盐 0.36g、优质牧草粉 17g、赖氨酸 0.24g、蛋氨酸 0.4g。每天每只长毛兔饲喂精料 80 ~ 100g，嫩青草 600 ~ 700g。

● （八）怀孕 15d 后母兔 ●

　　玉米 19.9g，麸皮 20g、菜籽饼 5g、豆粕 10g、蚕蛹 5g、磷酸氢钙 0.8g、贝壳粉 1.2g、米糠 17g、豌豆草 20g、食盐

0.47g、赖氨酸 0.23g、蛋氨酸 0.4g。每天每只长毛兔饲喂精料 120～150g，嫩青草 500～600g。

● （九）哺乳母兔 ●

玉米 20.9g、麸皮 20g、菜籽饼 5g、豆粕 15g、蚕蛹 5g、磷酸氢钙 2.0g、贝壳粉 0.5g、米糠 15.5g、豌豆草 15g、食盐 0.5g、赖氨酸 0.2g、蛋氨酸 0.4g。每天每只长毛兔饲喂精料 150～180g，嫩青草 800～1 000g。

● （十）产毛兔（包括空怀兔、怀孕前 15d 母兔、非配种期公兔）●

玉米 19.7g、麸皮 20g、菜籽饼 5g、豆粕 9g、蚕蛹 3g、磷酸氢钙 1g、贝壳粉 1.2g、米糠 20g、豌豆草 20g、食盐 0.5g、赖氨酸 0.2g、蛋氨酸 0.4g。每天每只长毛兔饲喂精料 100～120g，青草 700～800g。空怀兔配种前 10～15d 需要加喂维生素 E 10mg，分两次拌料饲喂或者添加麦芽根粉 3%～5%，促进发情。

● （十一）配种公兔 ●

玉米 12.7g，麸皮 20g、菜籽饼 5g、豆粕 14g、蚕蛹 5g、磷酸氢钙 1g、贝壳粉 1.2g、米糠 20g、豌豆草 20g、食盐 0.5g、赖氨酸 0.2g、蛋氨酸 0.4g。配种前 15～20d 每天加喂维生素 E 10mg，分两次拌料饲喂或添加麦芽根粉 3%～5%。每天每只长毛兔饲喂精料 150g，嫩青草 500～600g。

第五节　长毛兔颗粒饲料加工

长毛兔颗粒饲料是指按照长毛兔饲养标准设计饲料配方，

将原料饲料进行粉碎、称量、混匀、压制成粒而制成的粒状饲料。

一、颗粒饲料特点

（1）颗粒饲料符合长毛兔的采食行为。喜欢食用粒状饲料是长毛兔的食性之一，能满足长毛兔的食用需要。长毛兔一般采食较硬的颗粒状饲料，能够延长其咀嚼时间，满足长毛兔的啮齿行为。通常长毛兔不食用粉状料。

（2）可极大地提高饲料的利用率和长毛兔的生长水平。促进长毛兔对饲料营养的消化吸收。

（3）避免长毛兔挑食行为，较少饲料浪费。长毛兔采食经过颗粒处理的饲料，能同时进食精、粗饲料。

（4）能够提高配制饲料的劳动效率。通常饲喂颗粒饲料后，只需要喂水即可，不用再饲喂其他饲料。

（5）提高兔群的健康水平。降低发病率和死亡率。传统的青饲料，虽然适口性也很好，但是青草的种类、品质及产量受季节、天气及环境等影响较大，导致兔群的消化道疾病增多，流行性疾病及寄生虫疾病暴发。而常年饲喂颗粒饲料，其日粮配方质量稳定，因此疾病发生率也相对下降。另一方面，颗粒饲料的加工过程中会产生高温，能够杀死饲料中的部分病原物质，降低传染病及寄生虫病的发生。

（6）颗粒饲料比青饲料或其他饲料，更加方便贮存及运输。

二、长毛兔全价颗粒饲料加工过程

（1）原料选择。根据已经设计好的日粮饲料配方，按要求选择质优、量大、经济的原料进行制备。一般要求原料的含水量不超过安全贮藏水分，杂质不超过2%，重金属含量不得超过国家标准。

（2）原料粉碎。将选择好的原料进行粉碎处理，粉碎后可以增加表面积，提高长毛兔的消化吸收效率。同批饲料原料可以用口径相同的筛版粉碎，使原料易混合均匀。

（3）混合。该过程是加工颗粒饲料的重要环节。为保证混合均匀度，必须做好下面几点：一是将微量添加物制成预混料；二是控制混合时间；三是确定合理的加料顺序，配比大的先加，配比小的后加，相对密度小的先加，相对密度大的后加。

（4）压制颗粒。压制颗粒需要一定的技术设备，控制适宜的蒸汽量，粉化率不能超过5%。长毛兔喜好的颗粒料直径为5mm，长度为10mm；加工时需要保证颗粒饲料结实完整，光滑。

（5）风干包装。刚压制的颗粒饲料具有较高的温度，可利用风机风干，将含水量控制在14%以下后，才能进行包装。包装封口应严密，南方空气潮湿，封口不严易导致封口处的颗粒饲料霉变。

第六节　长毛兔饲养管理原则

一、长毛兔饲养原则

● （一） 饲料原料多样化 ●

　　长毛兔饲料的配制应该遵守饲料原料多样化的原则，根据饲料中营养成分的不同，进行合理搭配，这样有利于不同原料中的营养物质相互补充，提高蛋白质等营养物质的生物学价值。一般情况，长毛兔日粮多采用禾本科籽实及其副产品为主体，适当加入 10%～20% 的豆类或饼粕类蛋白饲料，目的是提高日粮的总蛋白含量及利用率。在长毛兔养殖过程中，应避免使用单一饲料，尽量使用多种原料进行配合，使其营养更加全面。

● （二） 粗精搭配 ●

　　长毛兔是单胃草食动物，青粗饲料及精饲料应该进行合理搭配，合理的青粗饲料及精饲料配比有利于长毛兔的消化吸收，因此，在长毛兔饲料中，应重视青粗饲料及精饲料的配合比例。长毛兔采食青草的重量一般为其体重的 20% 左右，再根据不同的生长发育阶段，每天补充精饲料 50～150g。

● （三） 定时定量 ●

　　长毛兔的饲喂应遵守定时定量的原则，培养良好的进食习惯，使其有规律地分泌消化液，促进饲料的消化吸收，否则易造成消化机能紊乱、消化不良，甚至引起胃肠疾病的发生。长毛兔的饲喂应根据饲养环境、生理情况及身体状况进行确定，一般幼兔食量小，生长发育快，因此应坚持少吃多餐的原则进行饲喂。而天气炎热的时期，长毛兔食欲下降，应在凉爽的早晚饲喂，给料应该掌握"中餐少而精，晚餐要吃饱，早餐喂得早"的原则。长毛兔贪吃饲料，因此需要进行限量饲喂，避免长毛兔由于大量进食而引起胃肠疾病。

● （四）优质高效 ●

　　严格控制饲料的品质，正确进行饲料调制。坚持采用优质饲料进行饲喂。不得饲喂腐烂、变质、霉变、有毒的饲料，特别是怀孕母兔和幼仔兔，以免引起母兔流产和幼仔兔疾病；严禁饮用受污染的水源。玉米、麦麸等能量饲料最好生食，豆类和饼粕类应加热去除抗营养因子；粉料应调制成湿拌料，最好制成颗粒饲料进行饲喂。长青草、菜叶不得蒸煮；不得饲喂含有露水、泥土和杂物的草料；各种动物内脏、软体动物则需要煮熟才能食用。避免食用有毒有害的食料，特别是发芽的马铃薯及其他青贮饲料，应去除有毒部位及杂物，保证食料的优质高效。

● （五）逐渐换料 ●

　　在饲料配方改变后，应遵循逐渐换料的原则，老饲料喂量应逐渐减少，新饲料的量逐渐增加，使长毛兔的消化机能逐渐适应变换后的饲料，若快速改变饲料，易引起长毛兔的拉稀等肠胃道疾病。

● （六）保证饮水 ●

　　保证供给充足的清洁饮水是长毛兔日常管理的重要工作，

特别是高温季节，饮水不足容易造成长毛兔采食量下降，甚至脱水，给兔场带来不必要的损失；长毛兔的饮水最好采用自由饮水的方法，同时注意水质，不得饮用被污染的水及冰水。

● （七） 夜间饲喂●

长毛兔有昼伏夜出的习惯，夜间的采食量及饮水量占全天采食量的75%左右，因此，要坚持夜间饲喂的原则，晚上提供的饲料及饮水一定要多，特别是夜晚较长的冬季，最好在晚上9时再加喂一次，满足长毛兔的夜间采食需求。

二、长毛兔管理原则

● （一） 环境安静●

长毛兔是胆小的小型家畜，听觉十分敏锐，对突然的环境声响具有较大的反应，外部环境突然产生的噪音易引起长毛兔惊慌失措、情绪不安。特别在分娩、哺乳和配种等关键的生理时期影响最大。因此，在管理上应保持圈舍和环境安静，严禁制造各种噪声杂音，同时注意防御各种敌害的侵袭。

● （二） 圈舍清洁卫生●

长毛兔的饲养环境应保持清洁、干燥、卫生。长毛兔抵抗力差，喜干净环境，工作人员应每天打扫兔笼，清除兔粪，洗漱饮具，勤换垫草，定期消毒，圈舍湿度大的时候可以撒少量草木灰、生石灰吸潮，注意观察湿度，保持圈舍干燥、通风。

● （三）分群管理●

　　兔场中公母兔应及时分群饲养，禁止两只种公兔同笼饲养，也不应将种公兔与母兔或其他兔同笼饲养，公兔笼最好远离母兔笼，以保证公兔休息，减少体力消耗。生长兔一般在 3 月龄后进行分群，主要分为青年兔群、毛兔群、种兔群、淘汰兔群等。在群养的情况下，更应注意分群管理。

● （四）适度运动●

　　适当的运动可以增强兔的体质，条件许可的情况下，笼养的长毛兔应每周放养 1~2 次。放养时让长毛兔自由活动，但需控制时间不宜过长。特别是种公兔应多运动，需限制其与种母兔接触。

● （五）防暑避寒●

　　长毛兔的散热能力差，天气炎热易造成食欲下降，并影响繁殖能力；夏季必须要注意防暑散热，否则，易造成夏季不育。长毛兔防暑可在兔舍周围搭葡萄架、种植南瓜或者丝瓜等作物进行庇荫。若舍内温度过高，可采用洒水降温；冬季必须注意防寒防冻，特别是防止盗风，尤其应加强仔兔和剪毛后的保温防寒工作，避免小兔冻伤、冻死。长毛兔饲养的最适宜温度一般为 15~25℃。

第七节　种兔饲养管理

一、种公兔饲养管理

饲养种公兔的目的在于与母兔配种、繁殖，以获得数量更多的优质后代。种公兔对后代的生产性能的影响要远比母兔大得多，种公兔的优劣对整个兔群质量影响很大。因此，养好种公兔意义重大。

（一）配种期的饲养管理

1. 饲料营养要全面、均衡

种公兔的饲养水平会直接影响到配种能力和精液品质。因此，在饲养上要注意营养的全面性和长期性，特别是蛋白质、维生素、矿物质、氨基酸等营养物质的供给，对保证种公兔的精液数量和质量有着重要的作用。

（1）蛋白质。种公兔日粮中蛋白质含量丰富，则性欲旺盛，精液品质良好，精子密度大、精子活力强，母兔配种后受胎率高。生产精液必需的氨基酸有色氨酸、胱氨酸、组氨酸、精氨酸等。不仅制造精液需要蛋白质，而且在性功能的作用中，如激素、各种腺体的分泌物以及生殖系统的各器官也随时需要蛋白质加以修补和滋养。日粮中蛋白质不足则会导致种公兔性欲低下，精子的数量和质量降低。所以，饲养种公兔应从配种前2周起到整个配种期间，每只种公兔每天可补喂炒后煮熟的黄豆10～20粒或豆饼、蚕蛹、苜蓿等，就能保证整个配种期的精液的品质和受胎率。

（2）矿物质。饲料中的矿物质对公兔的精液品质也有明显影响，特别是钙，钙是制造精液所必需的矿物质。如果日粮中缺钙，则精子发育不全，活力降低，配种时种公兔出现四肢无力等症状。日粮中有精料供应时，一般不会缺磷，但要注意钙的补充，钙、磷比例应为 1.5∶1～2∶1。如在精料中能经常供给 2%～3% 的磷酸氢钙、蛋壳粉或贝壳粉，种公兔则不会出现钙、磷缺乏症。

（3）维生素。维生素与公兔的配种能力和精液品质有密切关系。青绿饲料中含有丰富的维生素，所以一般不会缺乏，但冬季青绿饲料少，或常年饲喂颗粒饲料而不喂青饲料时，容易出现维生素缺乏症。特别是缺乏维生素 A 时，会引起公兔睾丸精细管上皮变性，精子数减少，畸形精子数增加。如能及时补喂青草、菜叶、胡萝卜、大麦芽或多种维生素就可得到纠正。

2. 配种强度要恰当

（1）要充分发挥种公兔的作用，应掌握合理的配种强度。首先，种公兔的初配年龄和使用时间要科学。种公兔一般 3～4 月龄性成熟，6～7 月龄才能达到配种年龄；种公兔一般在 7～8 月龄进行第一次配种，使用年限为 2 年，特别优良者最多不超过 3～4 年。其次，保持合适的公母比例结构是种公兔管理技术的重要内容。在大中型兔场，每只公兔固定配母兔以 10～12 只为宜。

（2）壮年公兔和青年后备公兔应保持合适的比例。在兔场的种公兔群中，一般壮年公兔占 60%，青年公兔占 30%，老年公兔占 10%。

（3）在配种旺季不能过度使用种公兔。青年公兔每日配种 1 次，连续 2d 休息 1d；初次配种公兔实行隔日配种法，也就是交配 1 次，休息 1d；成年公兔每日可交配 2 次，连续 2d 休息 1d；每天配种两次时，间隔时间至少应在 4h 以上。

（4）采取正确的繁殖法。频密繁殖又称"配血窝"或"血配"，即母兔在产仔当天或第二天就配种，泌乳与怀孕同时进行。采用此法，繁殖速度快，但由于哺乳和怀孕同时进行，易损坏母兔体况，种兔利用年限缩短。建议长毛兔不用"血配"繁殖，家庭长毛兔养殖场以延期繁殖为主。

3. 饲养管理要精心

（1）公兔群是兔场最优秀群体，应特殊照顾。提供理想的生活环境：清洁卫生、干燥、凉爽、安静等，应减少应激因素，适当增加活动空间。笼养公兔要定期运动，至少每周要运动 2 次，每次运动 1h 左右。若舍内阳光不足，则应定期把公兔放在阳光充足的场地上，以增强体质和提高性欲。

（2）夏季防暑是养好公兔的首要任务。当舍温超过 25℃ 时，精子的活力下降；当舍温高达 30℃ 时，就会引起精子减少、密度降低，畸形精子率升高，出现"夏季不育"。为使种公兔安全度夏，种公兔舍应采取屋顶喷淋、增加冷热空气对流或通过兔场植被绿化等降温措施，有条件的场（户）还可在兔舍内安装空调。为缩短"夏季不育"恢复期可通过增加营养水平（蛋白质、矿物质、微量元素和维生素等），也可添加抗热应激添加剂。

（3）饲养过程中禁止两只种公兔同笼饲养。也不应将种公兔与母兔或其他兔同笼饲养，公兔笼最好远离母兔笼，以保证公兔休息，减少体力消耗。

（4）按长毛兔疫病的防疫计划和程序进行预防接种和驱虫。平时多观察，发现公兔精神不振，食欲减退或粪便异常、生殖器官炎症等，应停止配种，查明原因，隔离治疗，对患有生殖器官疾病的种公兔要及时治疗或淘汰。春、秋两季换毛期间，配种次数应适当减少，注意增加矿物质和动物性饲料，以尽量延长使用年限。如发现食欲不振，粪便异常，精神萎靡，应立即停止配种，采取防治措施。

● （二）非配种期的饲养管理 ●

1. 保持合适的体况

种公兔过肥或过瘦都会影响配种，甚至失去种用价值。非配种期是种公兔恢复体况的时期，这一时期种公兔不参与配种，没有负担，因此饲料应保持中等营养水平，使其体况保持不肥不瘦的状态。种公兔应实行限制饲养，防止体况过肥而导致配种能力差、性欲降低和受胎率低。一般可通过采食量和采食时间进行限制饲养。一种是自由采食配合料，每只公兔每天的饲喂量不要超过150g；另一种是料槽中一段时间有料，其余时间只给饮水，一般料槽中每天的给料时间为5 h左右。

2. 饲料有选择

种公兔不宜饲喂过多能量和体积较大的秸秆粗饲料，或含水分较高的多汁饲料，要多喂含粗蛋白和维生素类丰富的饲料。如高能量饲料喂得过多，就可能导致种公兔过肥，引起性欲减退，精液品质下降，影响配种期的受胎率。喂给大量体积较大的青粗饲料，就可能导致腹部下垂，俗称"草腹",引起配种困难。

3. 非配种期饲养标准

饲料消化能 9.5～10.5MJ/kg，粗蛋白含量 12%～14%，粗脂肪 2%～3%，粗纤维 14%～16%，供给足够的维生素和微量元素。每天每只喂给配合饲料 80～120g，搭配青绿饲料 800～1 000g。冬季要补充一些多汁青绿饲料，若青绿饲料少，必须在颗粒饲料中添加双倍量的复合维生素，一是弥补颗粒料加工过程中的损失，二是满足种公兔的营养需求。要始终保持饲草饲料的清洁卫生，不喂霉烂变质、挟带泥浆、露水、冰块或被粪便污染的饲料。

二、种母兔饲养管理

种母兔是长毛兔群的基础，饲养母兔的目的是提供数量多、品质好的仔兔。种母兔的饲养管理比较复杂，因为母兔在空怀、妊娠、哺乳各个生理阶段的生理状态各不相同，因此，在饲养管理上也应根据各阶段的特点，采取不同的措施。

●空怀期母兔饲养管理●

空怀种母兔是指幼兔断奶后至再次配种妊娠前这段时间的母兔。由于母兔在哺乳期消耗了大量养分，体质瘦弱，母兔空怀时期饲养管理的关键是补饲、催情，通过日粮的调整，使母兔在上一繁殖周期消耗的体能尽快恢复，以促使母兔发情，进入下一个繁殖周期。

1. 加强营养

为防母兔过于肥胖，使母兔能正常发情、排卵和妊娠，降低胚胎在附植前后的损失，母兔应多喂些优质青绿多汁饲料。空怀母兔应保持七八成膘的适当膘情，过肥或过瘦的母兔都会影响发情、配种。要适时调整日粮中蛋白质和能量水平，对过瘦的母兔应增加精料喂量，迅速恢复体质；对过肥的母兔要减少精料喂量，增加运动。

2. 搞好饲养管理工作

要保持兔舍内空气流通，兔笼及兔体清洁卫生，要有充足的光线，以促进机体的新陈代谢，保持母兔性机能的正常活动。此段时间每天的光照可达 14～16h，光照强度为每平方米 3～4W 左右，电灯泡高度 2m 左右，以利于发情受胎。对膘情正常但发情不明显或不发情的母兔，在改善饲养管理条件的同时，可采用异性诱导法或人工催情的方法使其发情。

3. 合理搭配饲料

在一般情况下，为了提前配种、缩短空怀期，可多饲喂一些青饲料，增加维生素含量，饲喂一些具有促进发情功能的饲料，如鲜大麦芽和胡萝卜等。在配种前 7～10d，实行短期优饲，每天每只增加混合精料 25～50g，以利于空怀母兔早发情、多排卵、多受胎和多产仔。

三、妊娠期母兔饲养管理

妊娠母兔除维持本身营养需要外，还要供给胎儿营养。特别是青年母兔，仍处在生长阶段，除供给胎儿正常生长发育的营养需要外，还要供给自身生长的需要。因此，供给母兔全价的营养才能满足这些需要。妊娠前期（1～15d）胎儿处在发育阶段，主要是各种组织器官的形成阶段，增重占整个胚胎期的 1/10 左右，对营养物质数量的要求不高，应注意饲料的质量。一般按空怀母兔的营养水平供给即可。15d 后应逐渐增加精料喂量。从妊娠 19d 到分娩这段时间，胎儿处于快速生长发育阶段，增重加快，精料应增加到空怀母兔的 1.5 倍。同时要特别注意蛋白质、矿物质饲料的供给。矿物质缺乏时，易造成母兔产后瘫痪。临产前 3~4d 要减少精料喂量，以优质青粗和多汁饲料为主，以免造成母兔便秘和死亡，或难产及产后患乳房炎。母兔分娩 2~3d 后要逐渐将精料增加到哺乳期的标准和饲喂量。

● （一）怀孕母兔的管理工作 ●

主要是做好护理，防止流产，流产一般发生在怀孕后 15~25d 内。引起母兔流产的原因有 3 个方面。

（1）机械性刺激。包括捕捉方法不当、惊吓、不正确地摸胎、挤压等；

（2）营养不足。包括饲料营养水平低、饲料营养不全面，突然改变饲料成分，或饲料霉变、冰冻等；

（3）避免流产。多因患兔瘟、兔巴氏杆菌病、魏氏梭菌病等传染病或肠炎腹泻等肠道疾病而引发流产。因此，妊娠母兔必须一兔一笼，防止挤压和冲撞；不要无故捕捉，摸胎检查时动作要轻；饲料要清洁、新鲜，营养要充足、全面，不喂冰冻、变质饲料；兔舍要注意通风干燥、清洁卫生，并保持兔舍安静；如果发现有流产征兆应及时注射黄体酮保胎。

● （二）做好接产工作 ●

临产前 2~3d 要准备好产仔箱，清洗消毒后，铺垫一层干燥、柔软的垫草，临产前 1~2d 把产仔箱放入妊娠母兔笼内，供其拉毛。对不会拉毛的母兔要进行人工辅助拉毛，这样可以刺激乳房分泌乳汁，但不要拉伤母兔皮肤，以免引起乳房炎。产房要有饲养员看守，冬季注意保温，夏季注意防暑；产仔时要给母兔准备好温的红糖水、青绿饲料，以免因母兔口渴误食仔兔。

四、哺乳母兔饲养管理

哺乳期间是母兔负担最重的时期，饲养管理的好坏对母兔、仔兔的健康和生产性能都有很大影响。

●（一）母仔分养●

母兔产仔后并会给仔兔喂奶，喂完第一次奶后就应把产仔箱从母兔笼中取出，实行母仔分开饲养。这种哺乳方法的优点在于：

（1）可了解母兔的泌乳情况，防止仔兔吊奶；

（2）掌握母兔发情情况和及时配种；

（3）避免母仔争食，增强母兔体质；

（4）避免仔兔吞食母兔粪便，降低球虫病发病率等。

此外，兔笼内不能有任何粪尿积存，首先在笼底构造上，一定要使粪球漏下，不应有粪尿残留。因为兔毛一旦被粪尿污染，不仅降低使用价值，而且大大影响经济效益。除兔笼如此要求外，对产箱也同样，箱内垫草要经常更换，尤其当仔兔开眼以后粪尿开始增多时，母兔哺乳时易污染兔毛。

● （二）饲喂全价饲料 ●

　　母兔在哺乳期间，应喂给哺乳母兔专用的全价饲料，并根据仔兔的周龄，随时调整母兔饲料的用量。此外，还可喂给母兔易消化、营养丰富、清洁、新鲜的青绿饲料。为考查母兔、仔兔营养供给情况，可将母兔与仔兔分别称重。前3周每周称重一次。若仔兔发育正常，则生后1周龄的仔兔比初生的仔兔体重增加1倍，第二周龄在第一周龄的基础上又增加1倍，第三周龄又在第二周龄的基础上增加1倍。如果仔兔体重增长情况符合这个规律，母兔体重也不下降，则表明母、仔体况良好，生长发育生长。否则，说明饲料配合不当，应立即增加营养丰富的优质饲料。

● （三）保证母乳供给 ●

　　从初生到20日龄，每天喂奶1～2次，20日龄后每天可只喂1次奶，每次喂奶时间10～15min。喂奶前要认真检查母兔情况，发现母兔奶水过多、过少、过干、过稀，或者母兔不愿意喂奶等情况要及时处理。对乳水不足的母兔必须及时催乳。可将炒黄豆和花生米用水泡开、煮熟，然后取15～20粒喂母兔；也可将鲫鱼汤与红糖水一起灌服。喂奶时如发现乳房有硬块，乳头有红肿、破伤情况，要及时治疗。预防乳房炎需在产前2～3d开始减少混合精料，补加青绿或多汁饲料，产后3～4d，再逐渐增加精饲料，也可提前在饲料中添加预防乳房炎的药物。喂奶时同时检查产仔箱内仔兔粪尿情况，如产仔箱内保持清洁干燥，很少有仔兔粪尿，而且仔兔吃得很饱，说明哺乳正常；如尿液过多，说明母兔饲料中含水量过高；粪便过于干燥，则表明母兔饮水不足；如果饲喂发霉变质饲料还会引起下痢和消化不良。

第八节　长毛兔各生理阶段的饲养管理

一、仔兔饲养管理

仔兔的适应能力和抵抗力都较差，饲养管理如有任何疏忽，都会造成仔兔的死亡，从而降低养兔的经济效益，所以要加强管理，提高仔兔的成活率。

● （一）　影响仔兔成活率的因素分析●

仔兔养殖中存在的最大问题就是不按规程进行饲养管理，防护不周，导致仔兔死亡。其主要原因有以下几个方面：

1. 保温措施不当

如母兔产仔时无人值班，仔兔被产在窝外，母兔又不拉毛覆盖，2h 左右就会把仔兔冻死；如果保温方法不当，会导致保温箱内温度过低而冻死或窝中太热出现汗蒸窝；兔窝冷热不均，出现感冒拉稀。

2. 母兔异食癖

临产前母兔受到惊吓而导致产生异常反应，将自己所产仔兔吃掉。有的血配母兔由于分娩后立即配种，怀孕后会出现拒绝哺乳，甚至咬死仔兔的现象。由于产后口渴再加上没有及时提供饮水，而将仔兔吃掉。

3. 猫鼠危害

仔兔出生 7d 内，是防止猫鼠进入兔舍危害仔兔的关键时期。如管理不善，极易导致猫鼠咬死、咬伤仔兔。

4. 饿死和压死

母兔泌乳性不强，泌乳量太少，仔兔吃不饱而饿死。母兔拒绝哺乳而使仔兔饿死。母兔母性不强，哺乳时睡在仔兔上面导致仔兔死亡。

5. 病死

仔兔吃了患乳房炎的奶汁后发生急性肠炎、下痢，排出腥臭的白色或黄色粪便，不久就会导致仔兔死亡；如果仔兔患有球虫病、兔瘟病等，治疗不及时也容易引起仔兔死亡。

6. 意外死亡

由于兔舍太高、笼门关闭不严，仔兔从笼里掉到地上摔死或是在笼门处被夹死。因垫草过于柔软、韧性大，仔兔缠绕其中而致死。笼底板过稀导致骨折而死。

● （二）仔兔"抓三关"饲养管理 ●

从出生到断奶这一时期的小兔称为仔兔。加强仔兔的管理，提高成活率，是仔兔饲养管理的目的。仔兔管理主要是抓三关：初生关、开食关和断奶关。

1. 初生关

除保证孕兔妊娠和泌乳期的营养水平外，一是记准分娩时间，做好接生准备。二是仔兔出生后及时让其吃足初乳，采用强制哺乳、人工哺乳和寄养等措施，实行母仔分养，按时哺乳。三是切实做好仔兔保温防冻、防压、防吊乳、防鼠害，确保母仔安静舒适的生活。

（1）及时吃足初乳。初乳营养丰富、含有免疫球蛋白，应让仔兔在产后 1h 内吃足初乳，使其生长发育快，体质健壮。

（2）注意保温。仔兔生后1~5日龄最适宜的温度为30~32℃，5~10日龄为25~30℃。根据不同季节有所变化，其判断标准是：如果仔兔往中间挤成一团说明温度偏低，如果仔兔往保温箱边缘靠则说明温度偏高。防止过冷或出现"热蒸窝"，夏天应减少垫草和盖毛，每天用手拨弄仔兔活动1~2次。

（3）每天定时喂奶。每天1~2次，每次3~5min。如果仔兔腹部圆胀，肤色红润，被毛光亮，则说明仔兔吃饱；饥饿则表现出皮肤皱褶，腹部瘪陷，肤色发暗，毛色枯燥无光，用手摸仔兔头向上窜跳，并发出"吱吱"叫声，发现问题后应立即解决。防止母兔喂奶时受到突然惊吓而出现的"吊乳"现象。

（4）仔兔急救。对产后窒息的仔兔，将其放在手掌上，腹部朝天，通过伸屈手指数次，至仔兔开始自动呼吸为止，这就是兔人工呼吸；也可通过短时间的冷刺激后，使其全身颤动，再进行人工呼吸。对于产后冻僵的仔兔，可将受冻仔兔浸入32~40℃热水中，头部、鼻孔和嘴露出水外，然后用手揉动兔体使其活动，10min左右仔兔开始蠕动，发出叫声即可取出，用毛巾擦净水后放入巢箱保温，也可用人的体温、毛巾包裹、兔体互暖等取暖方式急救。

（5）仔兔寄养。把窝产仔多的仔兔和母乳不足的仔兔部分寄养给母乳好、产仔少的母兔。如没有可寄养的母兔，则要淘汰体型小的和部分雄性仔兔。寄养所选择的保姆兔必须有充足的奶水供给；并且供仔兔和保姆兔的分娩日期相差不应超过 3d；此外还要将寄养兔身上黏着的原巢内的兔毛和垫草等杂物清除干净，并涂上保姆兔的尿液，然后放入保姆兔的巢内，经过 2~3h 后，再将保姆兔放回笼内。必要的时候，也可进行人工哺乳。

（6）实行强制哺乳。强制哺乳是将母兔固定在巢箱内，然后将仔兔安放在母兔乳头旁，让其自由吮吸，每天进行 1~2 次，连续 3~5d 后，大多数母兔就会自动哺乳。

（7）人工哺乳。如果仔兔出生后母兔死亡、无奶或患乳房炎等疾病不能哺乳或无适当母兔寄养时，可采取人工哺乳。人工哺乳可用牛奶、羊奶或炼乳等代替。喂乳可用注射器，任其自由吮吸。

（8）人工帮助开眼。对 15 日龄仍不能睁眼的仔兔，应用 2% 的硼酸水或眼药水滴在其眼缝上，浸润片刻，用两手指在眼缝两侧轻轻向外拉，即可使仔兔开眼。

（9）母仔分笼饲养。仔兔开食后，为了保证健康，应采取母仔分笼饲养。避免仔兔误食母兔粪而感染寄生虫或其他疾病的垂直感染。也有利于培养仔兔独立生活能力，减少断奶应激。同时也有利于母兔断奶后发情。

（10）防止鼠害。生后 1 周的仔兔易受鼠害。1 只老鼠可连续咬死几只仔兔。应把兔笼做严密些，避免老鼠进入。可采取诱捕和毒杀的办法消灭老鼠。

2. 开食关

（1）母兔的泌乳量是有限的。随着仔兔的生长，仅靠母乳不能完全满足仔兔对营养的需求，必须给仔兔补料。

（2）喂奶。仔兔在开眼后 3d，约出生 15~18 日龄，白天将仔兔转入仔兔笼中饲养，晚上再放回产仔箱。喂奶时将母兔放在笼中，哺乳后让仔兔与母兔多呆一会，母兔吃饲料时仔兔也会模仿母兔采食。一般 3～4d 便自己试吃牧草和饲料，至 28 日龄时，可正式喂颗粒饲料。从 28 日龄到完全断奶前的这段时间，仔兔主要靠吃饲料来维持生长的需要，采取"少量多餐"饲喂方法供给仔兔饲料。

（3）开食期内应加强兔笼的打扫和消毒工作。减少仔兔感染球虫病的机会。补喂的饲料应加氯苯胍等抗球虫药，预防球虫病。

3. 断奶关

（1）仔兔断奶的时间。根据具体情况确定，一般从 28～45 日龄，小型兔体重达 500～600g，大型兔体重达 1 000～1 200g。过早断奶，仔兔的肠胃等消化系统还没有充分发育，对饲料的消化能力差，生长发育会受影响。但断奶过迟，仔兔长时间依赖母乳营养，消化道中各种酶形成缓慢，导致仔兔生长发育缓慢。同时，对母兔的健康和每年繁殖窝数也有直接影响。

（2）一次断奶法。这种断奶法是断奶前 3d 减少哺乳母兔饲粮的日喂量，到断奶日龄时一次将仔兔与母兔全部分开。此种断奶法的优点是省工省时、便于操作，多被兔场所采用；缺点是会引起仔兔应激和母兔烦躁不安。

（3）分批断奶法。这种断奶法是将一窝中体重较大的仔兔先断奶，弱小的仔兔继续哺乳一段时间，以便提高断奶体重。但此种断奶法的缺点是会延长哺乳期，影响母兔的繁殖成绩，目前多不采用。

二、幼兔饲养管理

从断奶到 3 月龄的兔称为幼兔。幼兔具有生长发育快、消化机能和神经调节机能尚不健全、抗病力差等生理特点，同时还要经受断奶和第一次年龄性换毛给机体带来的巨大影响，所以幼兔阶段是各类家兔死亡率最高的时期。如果饲养管理不当，不仅影响幼兔成活和生长发育，还关系到良种特性是否能充分发挥。实践证明，一个兔场的兔群的发展，生产性能的提高，很大程度上取决于幼兔阶段的饲养管理水平。

●（一）影响幼兔成活率的因素分析●

1. 球虫

球虫发生的环境条件是：温度 20℃ 以上，湿度在 55% 以上。因此，在 5～9 月份是高发季节，1～3 月龄的幼兔是主要的受害者，感染率可达 100%，死亡率可达到 50%～80%。肠球虫还往往继发感染大肠杆菌、魏氏梭菌、肠炎等消化道疾病，增加治疗难度。

2. 兔瘟

兔瘟是导致幼兔死亡的主要疾病，凡养兔就必须在仔兔 25 日龄或断奶后注射兔瘟巴氏杆菌疫苗，再在 3 月龄时注射一次兔瘟巴氏杆菌疫苗，以后每隔 6 个月注射一次。兔瘟应积极地以预防为主。

3. 拉稀、胀肚

拉稀、胀肚原因之一是饲料配比不当，如果饲料粗纤维含量不足和能量蛋白过高或原料选择不当，可导致家兔胃肠道蠕动不足，盲肠异常发酵，引起拉稀、胀肚。原因之二是环境与气候变化，家兔处于亚健康状况下，环境不良与气候变化（骤冷骤热），会导致家兔消化能力和抵抗力降低而发生拉稀、胀肚。原因之三是由于家兔采食了腐败变质的饲料，带有露水、雨水、霜水、冰块以及被污水污染的饲料，突然更换饲料导致幼兔贪食吃得过多，大量供给水分较大的青饲料或者多汁饲料。原因之四是由于兔瘟（特别是慢性兔瘟）、巴氏杆菌病、魏氏梭菌病、大肠杆菌病、球虫病等引起。

针对幼兔拉稀、腹泻和胀肚的症状，首先要分析病因；如果不是由细菌和寄生虫引起则采取"控料、促消化和补液"的原则处理；如果是细菌性引起的则采取"控料、杀菌、促消化和补液"的原则处理；如果是由于球虫引起的细菌性继发感染，则首先控制球虫后再采取措施。幼兔的拉稀、腹泻和胀肚病切记不能乱用抗生素类药物。

4. 乱用抗生素

由于断奶后幼兔肠道还未建立起完善的菌群，如果此时用抗生素，会使兔消化道功能异常，进而影响到免疫系统等，出现死亡。

5. 断奶应激

心理应激，母子分离不习惯；环境应激，仔兔被移至别处不习惯；营养性应激，没有奶吃了，仅吃饲料难以习惯。

● （二）幼兔饲养管理 ●

断奶做到"三不变"。环境不变，断奶后不能换兔笼，把母兔移开即可；兔群不变，即不能分笼；饲料和管理不变，让饲料逐步过渡。

1. 饲喂方法

各类饲料在断奶后都不要急于改变，数量可逐渐增加，饲喂次数由多到少，饲喂量由少到多，以吃到八成饱为宜。饲料投喂的顺序是：先喂精料后喂粗料，然后喂青绿饲料。

2. 精料要求

必须是易消化、营养均衡并能抑制消化道有害细菌，优质、适口性好和适量半木质纤维的饲料。玉米、豆粕、蚕蛹、鱼粉等原料不能过量，苜蓿草粉、麦麸等可提倡多用。

为了提高幼兔的消化能力，精料中可加复合酶、多维、益生素等。根据季节变化可添加部分中草药、大蒜等提高抗病力。

3. 做好疫病防制工作

在 25～28 日龄注射一次瘟巴二联苗，隔一星期后再加强免疫一次。另外还可以根据本场实际情况注射大肠杆菌和魏氏梭菌疫苗等。对幼兔还要做好球虫病、巴氏杆菌病的防治工作，减少对幼兔的危害。

4. 防暑防寒

做好夏季防暑，晚秋、冬季、早春的防寒工作。对于幼兔更应做好这一工作，防止幼兔中暑和受凉感冒、肺炎、腹泻等病的发生。

5. 精心饲养，仔细观察

发现长毛兔吃食量减少，精神萎靡，粪便不正常时，则表明该长毛兔开始生病，要及时将病兔进行隔离治疗。要增加运动，多见阳光，补充适量矿物质。

三、育成兔饲养管理

　　长毛兔 3 月龄性成熟后就开始进入一个新的生理时期，从性成熟到初配这一阶段的兔称为青年兔。在 5 月龄之后要对公、母兔进行 1 次综合鉴定，根据外形、生长发育速度、产毛性能等进行选择，把生长发育优良、健康无病、产毛性能好、符合种用要求的选为后备种兔，也称育成兔；次于后备种兔的，编为产毛兔群；劣等的一律淘汰。育成兔已达到性成熟，各生理系统发育己基本完善，又是经过选择的青年兔，所以抗病力已大大增强，死亡率较低，是长毛兔一生中最易饲养的阶段。

● （一）　饲料供给 ●

　　有条件的家庭长毛兔养殖场的育成兔饲料应以青粗饲料为主，精饲料为辅，每天每只兔饲喂青饲料 500g 左右，全价料 50 ~ 70g。以全价料饲养为主的养殖场，每天全价料控制在 100 ~ 150g。到 5 月龄时处于第二次选种和第二次剪毛时期，此时应防止育成兔过肥而影响选种，饲料中可适当增加蛋白质原料以及蛋氨酸（或胱氨酸）含量。另外，育成兔阶段肌肉、骨骼生长迅速，应注意无机盐类的补充。

● （二）　单笼饲养 ●

　　育成长毛兔公、母兔要分开饲养，做到一兔一笼，防止公母兔早配和滥配。

● （三）　加强种公兔的培养 ●

　　目前，饲养的长毛兔属于大型品种，种公兔配种应在 8

月龄以上。但是，为了加强对种公兔的培育，可从6月龄开始，训练种公兔配种，一般每周安排其爬跨1次或用母兔刺激训练一次。提早训练种公兔，可以提高其早熟性，并增强性欲，一旦正式投入使用，配种能力很强。但需注意的是，训练时要选择性欲旺盛且性情温顺的壮年母兔。

四、生产兔饲养管理

●（一）饲料与营养●

长毛兔主要是生产兔毛，饲料蛋白质水平的高低直接影响兔毛的产量和质量。在法国，某些养兔场每只兔每天喂含有17%蛋白质的颗粒料160~170g。而在德国饲养长毛兔，在保证供应基础饲粮（青绿饲料、多汁饲料、粗饲料）的同时，每天每只兔要补喂含有粗蛋白15%~18%的专用颗粒饲料100g。正常情况下，长毛兔摄入饲料的60%营养物质用于生产，40%用于体热散发；在低温情况下，有60%用于体热散发，40%用于生产；在夏季高温下，有30%用于体热散发，70%用于生产，因此，长毛兔的饲料供给应根据实际需要调整。在低温条件下，提高产毛量需保证营养需要，提高饲料供给量。外界温度高，毛又长，体内热不易散发，此时采食量减少，如果多吃饲料，体内产热更多，从而影响繁殖和生产。夏季体热高、采食少，需要提高饲料蛋白质和能量的含量。

对长毛兔不仅要求饲料蛋白含量高，而且质量要好，要采用多种饲料配合，以使其营养物质互补。在蛋白质中，要有促进兔毛生长的含硫氨基酸——蛋氨酸和胱氨酸。

● （二）适时调整兔群 ●

1. 及时淘汰老年兔长毛兔

3周岁以前兔毛的生长速度随年龄的增长而增长，3周岁以后随年龄的增长而减缓，所以要及时淘汰3周岁以上的个体，建立以壮年兔为主体的生产兔群。

2. 兔群的兔毛生长速度顺序

母兔＞公兔，去势公兔＞未去势公兔。因此，长毛兔场应及时调整兔群性别比例，以母兔为主。对不做种用的公兔应及时去势。

● （三）创造适宜的环境 ●

在饲料营养全价而充足的条件下，寒冷可以刺激兔毛加速生长。但在冬季夜间温度低于 −30℃ 的地区应注意保温工作。夏季炎热，兔毛生长缓慢，对兔毛生长不利，应做好防暑降温工作。此外，应采取单笼饲养，以防因群养拥挤造成被毛缠结，降低兔毛品质。

第九节　采毛方法及提高产毛量的措施

一、采毛方法

长毛兔科学的采毛方法不仅仅是获取优质兔毛的一个手段，也是刺激早生快生兔毛的一个重要环节。

● （一） 梳毛 ●

1. 梳毛的目的

是避免缠结，防止降低兔毛质量。特别是高温潮湿的夏秋季节，更应增加梳毛次数。幼兔自断奶后即开始梳毛，以后每隔 10～15d 梳理 1 次。成年兔待毛长 3.3cm 以上即开始梳毛，以后每隔 15d 梳理 1 次。

2. 梳毛方法

梳毛时，一手抓住长毛兔的颈皮加以固定。梳毛时要采用顺毛插梳，逆毛挑松的方法。按背部、两肩、臀部、尾部、后腿、前胸、前腿、腹部、头部和颈部的次序依次梳理。如遇缠结，应用手指轻轻撕开，撕不开时，不要硬梳，可剪去结毛块。梳下的毛整理后待售。梳毛是一项细致而费时的工作，特别是被毛稀疏、容易结块的长毛兔应坚持定期梳毛。长毛兔的皮肤较薄，尤其是靠近尾根周围的皮肤更薄，要防止撕裂皮肤。

● （二） 剪毛 ●

1. 剪毛次数

以年剪毛 4～5 次为宜。根据兔毛生长规律，养毛期为90d 者可获得特级毛，70～80d 者可获得一级毛，60d 者可获得二级毛。为满足长毛兔喜欢冬暖夏凉的习性，年剪 5 次的剪毛时间可分别安排在 3 月上旬（养毛期 80d）、5 月中旬（养毛期 70d）、7 月下旬（养毛期 60d）、10 月上旬（养毛期 80d）和 12 月中旬（养毛期 70d）。

2. 剪毛方法

剪毛一般采用专用剪毛剪，也可用理发剪或裁衣剪。技术熟练的剪毛员，每 5~10min 可剪完 1 只兔子。剪毛顺序为背部中线-体侧-臀部-颈部-颌下-腹部-四肢-头部。剪下的兔毛应按长度、色泽及优劣程度分别装箱，毛丝方向最好一致。

3. 注意事项

第一，剪毛时剪子应贴紧皮肤，切忌提起兔毛剪，特别是皮肤皱褶处，以免剪破凸起的皮肤。第二，防剪二刀毛（重剪毛）。如一刀剪下后留茬过高，不可修剪，以免因短毛而影响兔毛质量。第三，剪腹部毛时要特别注意，切不可剪破母兔的乳头和公兔的阴囊，接近分娩母兔可暂不剪胸毛和腹毛。第四，剪毛宜选择在晴天、无风时进行，特别是冬季剪毛后要注意防寒保温，兔笼内应铺垫干草，以防感冒。第五，患有疥癣、霉菌病及其他传染病的兔子，应单独剪毛，工具专用，防止疾病传播。凡有剪破皮肤者应用碘酊消毒，以防细菌感染。

● （三） 拔毛 ●

拔毛是一种重要的采毛方法，已越来越受到人们的重视。

1. 拔毛优点

主要有以下 3 方面：第一，拔毛有利于提高优质毛比例，拔毛可促使毛囊增粗，粗毛比例增加。据试验，拔毛可使优质毛比例提高 40%~50%，粗毛率提高 8%~10%。第二，拔毛可促进皮肤的代谢机能，促进毛囊发育，加速兔毛生长。据试验，拔毛可使产毛量提高 8%~12%。第三，拔毛时可拔长留短，有利于兔体保温，留在兔身上的兔毛不易结块，而且还可防止蚊蝇叮咬。

2. 拔毛方法

拔毛可分为拔长留短和全部拔光两种。前者适于寒冷或换毛季节，每隔 30~40d 拔毛 1 次；后者适于温暖季节，每隔 70~90d 拔毛 1 次。拔毛时应先用梳子梳理被毛，然后用细绳拴住兔的四肢呈俯卧姿势，将兔固定在桌面上，右手拇指、食指和中指三指将兔毛一撮一撮均匀地拔下。

3. 注意事项

（1）幼兔皮肤嫩薄。第一、第二次采毛不宜采用拔毛法，否则易损伤皮肤，影响产毛量。

（2）妊娠、哺乳母兔及配种期公兔不宜采用拔毛法。否则易引起流产、泌乳量下降及影响公兔的配种效果。

（3）拔毛适用于被毛密度较小的个体和品种。对被毛密度较大的兔子应以剪毛为主。养毛期短，拔毛费力时不宜强行拔毛，以免损伤皮肤。

（4）拔毛会引起兔疼痛和应激反应。可饲喂促进脱毛的药物以减轻疼痛和应激。具体方法是拔毛前 10h 左右按地塞米松 1.5mg/只或强地松 10mg/只拌料饲喂一次后再拔毛。

二、提高产毛量的措施

●（一）选育、更换饲养优良品种●

选择优良的种兔进行育种繁殖，可以改变群体的基因频率，提高兔群体质量。应选择眼睛亮、体形大、四肢壮、无残疾、毛质浓密，色泽洁白，有弹性的种兔，要严格选择公兔，按计划配种，用这种公母兔繁殖仔兔，能培养出个体大、毛密的长毛兔、可多产兔毛。

● （二）合理搭配饲料 ●

兔毛的生产力除受品种特性的影响外，在很大程度上决定于所提供的管理条件，其中饲料是提高兔毛产量的重要因素。要坚持青绿饲料和精饲料合理搭配，尤其是适当添加各种含有大量蛋氨酸、胱氨酸等含硫氨基酸的豆类和油饼类饲料，能使兔毛生长快，纤维长、毛粗有光泽，弹性好，增加产毛量。

● （三）严格掌握剪毛时间 ●

剪毛时间间隔太短，兔毛还没有生长成熟，剪下的毛长度短，兔毛质量差，既影响兔的产毛量，又达不到优质兔毛的长度指标。每次剪毛的间隔时间为 75~80d，怀孕母兔由于拉毛做窝，应在产仔后剪毛。一般冬季 12~13 周剪一次，夏季 9 周剪一次毛。

● （四）笼舍保持充足的光照 ●

长毛兔每天需保持 16h 左右的光照，才能满足其兔毛的正常生长。所以，光照不足时，应增加人工光照和自然光照，对促进兔毛生长都有良好效果。

● （五）促进毛囊发育，增加兔毛密度 ●

兔皮的生长毛囊是从胎儿期的 20~26d 开始发育，而次生毛囊是在出生后开始发育，因此，应增加母兔怀孕后期的营养和保证哺乳期有充足乳汁；提早补饲，可促进仔兔初生毛囊和次毛囊的发育长出毛纤维，提高产毛量。周勤飞等（2013）研究表明：增加长毛兔妊娠期饲粮中蛋氨酸水平，有利于仔兔毛囊发育，能够提高细毛纤维直径。

第十节　不同季节长毛兔的饲养管理

饲养长毛兔是以产毛为主要目的。为提高长毛兔的饲料利用率，增加养殖场的经济效益，不仅要做好日常的饲养管理工作，同时要根据长毛兔在不同时期、不同季节的生长发育状况及发病规律，分别采取相关的应对措施。

一、春季饲养管理

春季温度适宜，是长毛兔生长繁殖的黄金季节，但此时阴雨天多，昼夜温差大，细菌与寄生虫易繁殖，如果饲养管理不善，长毛兔容易感染疾病。因此，应做好以下饲养管理要点。

● （一）搞好饲料变换和过渡●

此时长毛兔正处换毛期，约持续 3 周，体质较弱，消化机能下降，母兔不发情。随着气温的回升，青饲料生长很快，所以应适当增加青饲料和蛋白质含量高的饲料，同时要控制饲喂数量，做到逐渐过渡。春季是青绿饲料的高产季节，特别要注意春季青饲料的卫生，不喂带有泥沙、霉烂、长时间堆放的青草，不刈割粪沟边和水池边缺氧环境下生长茂盛的青草。

● （二）做好春季繁殖工作●

春季是长毛兔繁育的黄金季节。对于无冬繁条件的兔场更应及时开始春繁，可在 2 月中旬开始，种公兔前期精液中精子质量差，应实行复配，同时结合及时摸胎、适时补配，避免空怀现象。加强繁殖种兔的营养，加喂一定数量的维生素、青绿饲料及蛋白质，促进种兔发情，提高受胎率、繁殖率。种兔应多运动、多光照；若光照不足，可以适当增加人工光照。

● （三）　抓好疫病防控●

春季万物复苏，同时气温变化大，也是传染病多发季节。所以，要做好保温工作，加强笼舍的消毒和环境卫生。饲料中加入药物，预防感冒等病的发生。做好兔瘟、兔巴氏杆菌病等传染病的免疫接种工作。

● （四）　养好春季仔兔●

长毛兔要发展，关键是提高仔兔的成活率。在春节气温波动较大的情况下，仔兔断奶时间要比其它季节向后推迟 1 周左右。体质强的仔兔可以先断奶。反之晚断奶，这样能促使整窝仔兔在断奶后均衡生长。谨防"倒春寒"，寒潮来时要关好门窗，严防贼风侵袭；笼底可垫草或用其地材料进行保温。尤其是仔兔、幼兔，刚产下的仔兔窝温要求达到 30 ~ 32℃。低于此，仔兔有可能被冻死。40 ~ 90d 的幼兔，最适合于其发育的温度为 15 ~ 25℃。低于 5℃时，有可能出现寒冷应激，从而导致幼兔发生肠炎而致死亡。

二、夏季饲养管理

长毛兔皮厚毛密，汗腺很不发达，对高温比较敏感，夏季常产生热应激反应，当气温升高至 30℃时，一般会出现采食量下降；当气温升高至35℃以上时，会产生呼吸加快、心跳增速、仰头、耳朵发红及呆立不动等现象，如果这时供水不足，便会发生中暑。同时夏季多雨，饲草饲料容易发生潮湿和霉变，若饲养管理稍有疏忽，极易引发肚胀、腹泻等疾病。为保证长毛兔安全度夏，需把握以下管理要点。

● （一）防暑降温 ●

做好舍内防暑降温、通风换气工作。提前在兔场周围植树遮荫，兔舍旁种植如葡萄、丝瓜、瓜蒌等藤蔓类植物，高搭凉棚隔断烈日对兔舍的照射，减少热辐射，从而营造有利于夏季养兔的外部环境；盛夏来临之前要普遍剪一次毛，兔舍要做到避光和通风，必要时可向地面泼水降温或用鼓风机加强通风。对潮湿地面可每天撒些草木灰或生石灰除潮，暴雨天气应及时排除兔舍周围的积水，以避免室内返潮。

● （二）做好清洁卫生 ●

做好兔场、兔舍、水具的卫生和消毒，以防止夏季因蚊蝇滋生、寄生虫和病原微生物的传播而引起各种疾病。坚持每天清扫兔舍、粪沟，兔场用漂白粉或烧碱水消毒，必要时采取火焰消毒，同时注意消灭蚊蝇和鼠害。

● （三）加强饲养管理 ●

为避免肠炎和球虫病的发生，可饲喂青干草或者青饲料中添加1%~3%的木炭粉，也可在青饲料中拌入适量切碎的洋葱、大蒜、韭菜等，并定期服用药物，如氯苯胍、球虫宁等。盛夏高温期最好暂时停止繁殖。

● （四） 调整饲喂时间和巧妙给水●

针对夏季的特点，调整兔的饲料组合、适当减少能量饲料、提高蛋白质饲料的配比，以及增加对青绿多汁饲料的利用等是夏天养兔的一般原则。喂料时间宜改在早、晚气温较低时，即早晨给饲宜早、晚喂给饲宜迟、中午宜多给青饲料，以便提高兔的采食量。同时注意供给清洁而充足的饮水。饮水中根据需要添加预防药物，如预防消化道疾病可添加0.01%的高锰酸钾或每1 000kg饲料拌入氟哌酸，抗球虫可饮用0.01% ~ 0.02%的稀碘水，为加强防暑降温可给兔饮用1% ~ 1.5%的食盐水。

▌三、秋季饲养管理

秋季天高气爽，温度适宜，饲料充足、营养丰富，是兔繁殖和生长的好季节，要把握以下管理要点。

● （一） 抓紧秋繁配种●

秋季是长毛兔繁殖的好季节，但在生产实践中发现，此时长毛兔刚刚度过盛夏，种兔体质较为瘦弱。因此，入秋前应加强饲养管理，注意人工补充光照，实行复配法，以提高配种受胎率，保证秋季繁殖1~2胎。

● （二） 加强饲养管理●

成年兔秋季正值换毛期，换毛期的长毛兔营养消耗较多，体质较为瘦弱。因此，必须加强饲养管理，适当增喂蛋白质含量较高的精饲料，切忌饲喂有露水的草，以防引起肠炎、腹泻等疾病。

● （三）做好疫病防控●

秋季是疾病多发季节，特别是幼兔容易发生感冒、肺炎、肠炎等疾病，要从饲养管理入手，加强对这些常见病的防治。同时要做好兔瘟、巴氏杆菌病等烈性传染病的防疫工作。还要严防球虫病的暴发，加强对疥癣病的防治。

● （四）合理整顿兔群●

每年秋季，一般兔场应根据长毛兔的产毛和繁殖性能，对兔群进行一次全面整顿，选择产毛性能好、繁殖力强、后代整齐的长毛兔继续留作种用；生产性能差，或老、弱、病、残兔，应及早淘汰，选留优良后备兔补充种兔群。

四、冬季饲养管理

冬季天气寒冷，日照时间短，缺乏青绿饲料。由于饲料条件相对降低及保持体温消耗热能等因素，使兔的生长、繁殖均受到极大影响，必须加强饲养管理，要点如下。

● （一）防寒保温●

兔舍应保持舍温在5℃以上，防止寒流和贼风对长毛兔的侵袭，封闭式兔舍可以关闭门窗、增加热源，有条件者可生炉取暖或自制暖气，同时增加饲养密度，但必须经常通风换气，通风时要选在晴朗的中午，防止温差过大引起感冒。开放式和半开放式兔舍可在兔舍外安装卷帘，晚上放下来挡风，白天气温升高后卷上通风。

（二）合理调整饲料

冬季寒冷，家兔需要的能量多，且夜长昼短。因此，要增加饲喂量且饲料中适当增加能量饲料比例。由于冬季青饲料缺乏，在加工颗粒饲料时，维生素的添加量应增加 3~4 倍。饮水时千万不要饮用冰冻水，冬季最好加入温水且少加勤添。

（三）适时剪毛拔毛

入冬以后，气温逐渐降低，这种变化虽然不利于防寒，但较低的温度能促进兔毛生长，为了防寒，兔体不但会加快兔毛的生长速度，而且会增加细度和密度。在兔毛达到标准时，要选择晴天的中午剪毛或拔毛，剪毛时腹部毛应留得长一点以保护内脏器官不受风寒侵害。露天饲养的长毛兔，剪毛后最好先转入室内饲养 1~2 周，然后再返回原处饲养。如果用拔毛法，要拔长留短。冬季幼兔、妊娠母兔均不宜拔毛。

（四）母仔分离饲养

即冬季繁殖时把仔兔放在温暖的育仔箱中定时哺乳。初生仔兔适宜温度为 30~32℃，随着日龄增加，兔舍温度逐渐降低，成年兔的适宜温度为 10~25℃，舍温应保持在 5℃ 以上，同时仔兔的哺乳期应延长。

（五）做好清洁卫生

为防止病菌感染，兔场每隔 7~10d 消毒 1 次，消毒时应选晴朗无风的天气进行，必要时可将消毒液按一定比例加入饮水中供长毛兔饮用。在这里需要提醒养殖户，不论是环境消毒还是饮水消毒，一定要选择刺激性小、安全系数高、并可以带畜消毒的消毒液。

第五章 **长毛兔常见病诊治与预防**

第一节　兔病预防及措施

一、提高兔病预防意识

　　兔是啮齿类草食小动物，对环境条件、饲料质量、饲养管理水平要求严格；家兔抗病力弱，容易发病，治疗效果较差，死亡快且死亡率高，所以，养殖长毛兔应遵循"养重于防、防重于治、预防为主、治疗为辅"的原则。饲养管理精心细致，饲料营养全面充足，兔的体质就好，抗病力就强，生长速度就快。养殖户的主要目标和工作就是通过科学饲养，让家兔正常生长发育，增强抗病能力，促进健康生产，提高养殖效益。家兔是一种个体经济价值低的动物，治疗药物的费用往往会超出其本身的价值，对患兔采取淘汰处理，其安全性、经济性和实用性远比治疗单只患兔的意义大得多。带病家兔在治疗的同时又可能将病原菌传给其他家兔，使兔场陷入不断治疗疾病的泥潭，因此，应及早将病兔隔离、淘汰，然后进行消毒处理，即所谓"养防结合，无病防病，有病不治病"。

二、科学的饲养管理

●（一）科学饲喂方式●

适时分群饲养，稳定饲料配方，定时定量饲喂。根据家兔的年龄、体重、个体差异、季节特点及对饲料的需要，确定每只兔每天的喂量，分次喂给。这样既可增强家兔的食欲，又可提高饲料的利用率，有利于促进家兔的生长，减少疾病的发生。在变换饲料时要逐步过渡，先更换 1/3，间隔 2 ~ 3d 再更换 1/3，约 1 周左右全部更换，使兔的采食习惯和消化机能逐渐适应饲料的变换。如果突然改变饲料，易引起兔的食欲减退或伤食，出现消化不良。

●（二）合理搭配饲料●

喂兔的饲料要选用青绿饲草与麸皮、谷类、豆类以及添加剂等进行合理搭配，定时定量饲喂，保证兔生长所需的能量、蛋白质、氨基酸和维生素等多种营养物质。饲料及饮水一定要清洁卫生，禁止喂给发霉变质和被粪尿等一些有害物质污染的饲料和饮水，以免引起兔腹泻等胃肠疾病。

●（三）提供良好环境●

经常保持兔舍清洁、干燥和适宜温度，防止舍温骤变。舍内应阳光充足、空气清鲜、流通，防止穿堂风和舍内潮湿。注意夏季防暑和冬季防寒，常年舍温保持在 15 ~ 20℃ 最适宜的温度。每天要清扫兔笼、兔舍和产仔箱，清洗饲槽和饮水用具，及时清除粪尿，定期更换垫草，禁用潮湿和发霉的垫草。对清除的粪尿和污物，要远离兔舍 50m 外的偏僻处集中堆放，并经发酵处理，这样可以杀死原虫和病原微生物。严禁随意乱抛和就近堆放。每当产仔前、调群和淘汰兔时，要消毒兔笼和产仔箱，以及其他用具，消灭舍内蚊蝇及鼠类。

三、高效的预防措施

●（一）定期对兔群进行健康检查●

对长毛兔进行健康检查，是生产技术管理的一项重要工作，应做到定期（每周一次）和经常性相结合进行。在检查过程中发现病兔和有异常表现者立即隔离，并及时治疗或淘汰。对繁殖力差、发育迟缓和有恶癖的长毛兔应及时淘汰，只有这样才能建立健康优质的兔群。对家兔的健康状态一般直观检查，主要包括：头部、被毛与皮肤、精神状态、体格发育与营养状况、四肢及脚部，以及粪便状态等。凡具有以下临床表现之一者，均可视为疾病状态。

（1）精神萎靡，情绪不安，背毛粗糙无光泽，并有脱毛现象（非换毛期），机体运动受阻和失调，站立姿势不正，惊恐，常隐藏于笼内一角。

（2）耳色发青或紫红、食欲不振或拒食、眼睛暗淡无光、有时呈半闭状态、眼角有眼屎、结膜充血潮红、眼睑垂胀、角膜混浊。

（3）鼻干燥或有黏液脓性分泌物，打喷嚏、流涎、甩头、前肢脚爪抓搔两耳和笼底等。

如发现有上述某种表现者，应立即进行详细检查，以便确认为某种疾病所致。并采取隔离措施，对有治疗价值的应及时治疗，没有治疗价值的应立即淘汰。通过健康检查，能够做到及时发现病兔，并做到及时治疗和有效地控制疾病的加重和扩散。

● （二）　按时、按质接种疫苗 ●

　　兔场应定期接种相应的疫苗，以增强免疫能力，有效地抵御侵入的病原体。根据当前易发的疫病，已研制出的常用疫苗有：兔瘟疫苗、巴氏杆菌病疫苗、波氏杆菌病疫苗、魏氏梭菌和沙门氏杆菌病等疫苗，这些疫苗有的单联苗，有的是双联苗和多种混合疫苗。

　　（1）对长毛兔进行预防接种最佳时间，多在仔兔出生后30 日龄前后进行第一次接种，一般免疫期为 4 ~ 6 个月，故第二次接种多在家兔开始配种繁殖前再进行一次，以后每年在春秋两季或每个季度进行预防接种一次。

　　（2）大部分免疫苗最适宜的保存条件是温度 2 ~ 8℃，冷暗、干燥的环境，注意防霉。高温（35℃ 以上）和冷冻（湿苗，2℃ 以下）都会导致疫苗变性失效而不能使用。在购回疫苗的途中，要避免阳光直射和高温，夏天最好在箱内加放冰块，冬季要防冰冻，数量少时最好使用保温瓶。

　　（3）注射用具如针头、注射器、镊子等应先消毒备用，酒精棉球应在 48h 前制备，消毒用 75% 的酒精（取 99% 的酒精 100mL 加蒸馏水或冷开水 32mL 摇匀即可），组织好直接参与接种工作（保定长毛兔、注射和记录）的人员等。最好一兔一只针头，皮肤消毒要认真，以免造成人为感染和疾病传播。

● （三）防止误食有毒物质 ●

（1）首先是预防饲料变质。饲料受潮，黄曲霉菌、青霉菌和白霉菌滋生，可产生毒性很强的物质，给长毛兔饲喂这种发霉的饲料会发生中毒，严重时会引起大批死亡。

（2）驱虫药使用失误。家兔对敌百虫等驱虫药较为敏感，无论外用或内服驱虫，用量偏高均可引起中毒。杜绝上述毒物进入兔体是防止家兔中毒病发生的根本措施。

（3）青饲料被农药污染。喷洒有机磷或有机氯农药的蔬菜，被农药污染的田间杂草等，在毒性未消失时即用来饲喂，都有可能招致家兔中毒。

● （四）坚持自繁自养 ●

加强检疫，引进种兔时不要从疫区和发病兔场引进，必须从无疫区和健康兔群引种。引种后要进行隔离观察一个月，确认无病，方可放入群内饲养。同时要严格控制闲杂人员随意进入兔舍，以免带入病源。

第二节　长毛兔健康检查和给药方法

长毛兔疾病诊断就是查明病因、确定病情，制定相应的诊疗方案。因此，掌握健康检查方法、药物及疫苗使用方法、消毒方法等是长毛兔疾病诊断和治疗的前提。

一、长毛兔健康检查方法

兔的健康检查很重要，可及时发现病兔，采取有效防治措施，从而终止疾病传播，减少经济损失。一般从兔的精神

状态、外貌、食欲、粪尿、呼吸、体温和心跳等方面进行
检查。

● (一) 精神状态●

　　健康兔的表现是神态活泼，行动敏捷，两耳直立，听觉
敏感，起卧运动有固定姿势。病兔则缩头、萎靡。如歪头可
能是巴氏杆菌病、中耳炎，歪头转圈是李氏杆菌病，躺卧跛
行可能是骨折等。健康兔双眼瞪圆，明亮有神，眼球活泼，
眼睑红润，眼角干净无眼屎。如眼睛半闭半睁，呆滞无神，
反应迟钝，或眼睑干燥，多为急性传染病。如眼睑流泪，有
脓性分泌物，可能是结膜炎和慢性巴氏杆菌病。

● (二) 外貌●

　　健康兔营养良好，躯体匀称，体态丰满，用手触摸兔的
脊椎，背肉丰厚，脊骨不容易分辨，证明健康无病。如脊椎
骨突起，呈算盘珠状，髋关节凸出，可能患有寄生虫病，如
球虫病或慢性疾病、伪结核病、慢性巴氏杆菌病、慢性波氏
杆菌病、腹泻病或营养不良。

　　健康兔的被毛浓密贴体，富有弹性和光泽。如果稀疏蓬
乱、暗淡无光、被粪便污染，均为不健康表现，可能患有腹
泻、慢性病、寄生虫病等。如背部、腿部、颈部被毛成块脱
落，并有疱疹和结痂，可能患有霉菌病。

　　健康兔的皮肤结实紧密有弹性，皮肤无脱屑和结痂。母
兔腹部呈暗紫色、有硬块 (团) 可能有乳房炎。腹部和背部
有脓性结痂，可能患有葡萄球菌病。如嘴、鼻、两耳和爪等
器官周围的被毛脱落，并有鳞片结痂，可能患有疥癣病。公

兔睾丸皮肤若有糠麸样皮屑，肛门及外生殖器官的皮肤有结痂，则有可能患梅毒等。如果腹围增大，触摸盲肠大并有气体和水样感，可能是魏氏梭菌性肠炎。

健康兔的眼结膜红润。如果结膜苍白，多为严重慢性消耗性疾病。如结膜黄染，身体消瘦，多为肝寄生虫病或球虫病。

健康的白兔耳朵呈粉红色。如呈灰白色则表示体虚血亏；如呈红色且烫热即为发烧；如耳色发紫，耳温过低，则有重病的可疑。

● （三）食欲 ●

健康兔食欲旺盛，对经常吃的食物嗅后立即采食，且速度快。不接近食物、只喝水不吃料、只采食青饲料、采食速度慢、拒食等是疾病最早的症候，应引起注意。

● （四）粪尿 ●

健康家兔的粪呈褐色，表面光滑，较硬的粒状，当喂青草时有些变软。在夜间或白天休息时排的黄豆粒大的较软的粪，也是正常的，但多数被家兔吃掉，以再吸收其中的养分。当家兔肛门附近有稀粪黏附，排出的粪呈粥状、水样，并有腥臭味，可能是痢疾、魏氏梭菌病等；粪稀而带血，多是急性肠胃炎或球虫病；粪被白色黏膜或果冻样包裹，可能是大肠杆菌病；粪小而干多是便秘，因胃内积毛、体温升高、吃料减少而引起。

检查尿的颜色、量、沉淀物的多少。健康家兔的尿液较浑浊（有碳酸钙沉淀）、淡黄色。一般每天可排尿 200mL 左右。若尿少而稠、颜色深，或尿多而清淡均不正常，说明水代谢出现问题；若尿中带血，则多因肾脏、膀胱、尿生殖道发炎而引起；尿黄褐色则说明肝脏有病；当尿液浓稠有脓样物排出时，则多因尿生殖道有炎症，脓汁随尿排出所致。有时因饲料的变化或服某些药物时，也可引起兔尿液颜色及尿量等变化，不过，这是暂时的，应注意区别。

● （五）呼吸 ●

健康兔每分钟呼吸 50 ~ 60 次，而且平稳，但是呼吸次数的变化，常随年龄、气候、运动等外在环境的不同而有差异。一般幼兔比成兔呼吸次数多，夏季比冬季呼吸次数多。追逐运动也会使呼吸次数增多。在正常情况下，呼吸急促伴有声音则表示有病；如呼吸有鼾声、打喷嚏，鼻漏、鼻孔周围被毛潮湿，并有黏液分泌物，则可能是巴氏杆菌病、波氏杆菌病；鼻孔流出血样红色泡沫则是兔瘟；呼吸急促多为热性传染病。

● （六）心跳 ●

家兔正常心跳为每分钟 80 ~ 90 次，仔兔、幼兔心跳频率较快，成年兔较慢。测定时可用听诊器在左胸腋下听诊。患隐性传染病时，其心跳频率加快，患慢性病时，其心跳频率减少。

● （七）体温 ●

兔正常体温为 38 ~ 40℃，在正常环境下，体温过低或者偏高都为病态。体温升高多为急传染病。如急性巴氏杆菌、兔瘟、野兔热、李氏杆菌病等。

此外，还要询问养殖场的饲养管理情况，有无换料、饲料有无发霉、饲料配方、饲料中添加的添药物、饲喂方法、有无青绿饲料等。询问当地正在流行何种疾病发生，死亡情况如何，用药情况及效果。询问本场以往同季节发病情况及用药情况。对新引进的种兔，要问清楚引种场的疫病情况。询问了解当地气温、湿度以及天气变化情况。

二、常用药物及用药方法

● （一）常用药物●

1. 抗生素类

（1）青霉素。白色结晶性粉末。对兔葡萄球菌、结核杆菌、兔螺旋体等病原微生物引起的肺炎、结核、膀胱炎、皮下脓肿、乳房炎等有效。不宜与四环素、卡那霉素、庆大霉素、土霉素、维生素 C、碳酸氢钠、阿托品、氯丙嗪等混合使用，遇湿失效，不宜放置冰箱中。口服大部分被胃酸破坏，故不宜内服。用量：成年兔每千克体重 5 万～10 万国际单位，肌肉注射，每天 2 次，连用 3～5d，疗效显著。

具有类似疗效的抗生素还有红霉素、洁霉素、多粘菌素、泰乐菌素、新生霉素等。当某一抗生素防治效果不理想或产生了耐药性时，可改用其中另一抗生素。

（2）链霉素。为白色或类白色粉末。用于家兔传染性鼻炎、肠道感染等。用量：成年兔每千克体重 10 万～20 万国际单位，肌肉注射，每天 2 次，连用 3～5d。幼兔用量减半。

（3）卡拉霉素。为白色或类白色粉末。用于兔呼吸道、肠道、尿道感染，如肺炎、下痢、乳房炎、皮下脓肿、子宫炎等。用量：肌肉注射，10~20mg/kg 体重，每日2次，连用3~5d。如药液出现发黄结块现象，则不能使用。

（4）硫酸庆大霉素。为白色或类白色粉末，别名硫酸正泰霉素。对大肠杆菌、沙门氏菌、葡萄球菌等有效。用量：成年兔每只1万~2万国际单位，肌肉注射，每天1~2次，连用3~5d，幼兔用量酌减。

注意事项：家兔是草食动物，靠肠道内各种微生物将纤维素分解利用，当给兔饲喂抗生素后，肠道内的大量微生物被抑制或杀灭，从而影响营养物质消化吸收；兔场常用抗生素，致病菌有可能产生耐药性，一旦发病，治疗相当困难。

2. 磺胺类

这类药物是人工合成的化学药品，具有抗菌谱广（只抑制而无杀菌作用）、价格低的特点，主要用于兔球虫病、胃肠炎、呼吸道疾病（鼻炎、肺炎）、乳房炎、传染性口炎、尿道感染等的防治。常用的有磺胺嘧啶（SD）、磺胺二甲嘧啶（SM_2）、新诺明、磺胺二甲基嘧啶（又名磺胺异恶唑，SMZ）等。用量：一般以口服为好，0.1~0.2g/kg 体重，2次/日，连用3~5d。注意事项：

（1）这类药物需避光保存，非复方磺胺使用时应与抗菌增效剂，按5:1的比例配合交叉使用，不宜同时配搭使用，用磺胺药时，多给兔饮水，若出现磺胺药过敏（中毒）现象，应立即停药，并在饮水中加入1%碳酸钠或5%葡萄糖溶液，同时加喂维生素 B_1 或维生素 E。

（2）对磺胺药敏感的细菌，无论在体外或体内均能获得耐药性，因此，每次用药量要足，疗程也要适当；磺胺类药只有抑菌作用，没有杀菌作用，因此，在治疗期间必须加强饲养管理，以提高兔体的防御机能。

3. 喹诺酮类

这类药物对革兰氏阳性菌、革兰氏阴性菌具有高度抗菌活性，包括金黄色葡萄球菌、链球菌、肺炎球菌、大肠杆菌、沙门氏菌等。还对部分支原体、衣原体、螺旋体也有极强的抑制作用。但对真菌、病毒和原虫无效。

（1）氟哌酸。类白色粉末，几乎不溶于水，耐药速率慢，毒性低，吸收、排泄快。对兔大肠杆菌病有显著疗效。用量：内服，10mg/kg 体重，按 50g/1 000kg 拌料饲喂。

（2）恩诺沙星。按 20g/1 000kg 拌料饲喂，饮水用量减半。

4. 抗球虫药

球虫病是兔最常见且危害严重的寄生虫病，主要用药有：

（1）地克珠利。拌料混饲每吨 2～5mg。

（2）氯苯胍。每千克饲料用 150mg 拌匀让兔自由采食，治疗量加倍。

（3）球痢灵。又叫硝苯酰胺，预防量为每千克饲料125mg，治疗量加倍。

（4）盐霉素。如用于预防兔球虫病，每千克饲料中添加盐霉素 25mg，如治疗则加 50mg。连喂 1 周。

此外，还有磺胺喹恶啉、乙胺二甲氧嘧啶、复方新诺明、莫能霉素等。但含有马杜霉素的各种剂型的药，不能用于兔，否则会发生中毒死亡。

5. 其他常用药物

（1）阿维菌素（或依维菌素）。又叫阿福丁、灭虫丁、克虫星等，是对兔螨病有很好的防治效果的一种新药，并对体内线虫和体外虱、蜱等寄生虫有效。每千克体重用 0.3g 口服，或 0.2mL/kg 体重皮下注射，每 1~2 个月用药一次。

（2）酵母。内含 B 族维生素，可治疗因维生素 B 缺乏引起的消化不良和神经症状。每只兔每次 1~2mL。

（3）人工盐。助消化，可治消化不良。每只兔每次 1~2g 口服。

（4）大黄苏打片。可治消化不良，主要用于兔的消化紊乱，兔粪变软，每兔口服 1~2 片；兔粪变小、变硬口服 3~4 片。

（5）乳酶生。可治疗消化不良，每兔内服 2~3 片。

（6）石蜡油。治疗便秘、腹胀。每兔内服 10~15mL。

（7）次碳酸钙片。治疗一般性腹泻，每兔口服 2~4 片。

● （二）用药方法 ●

1. 药物口服

（1）饮水。将易溶于水的药物，按一定的比例加在水中，给兔自由饮用。用药前几小时适当停水效果更佳。对不溶于水的药物，可单个逐一用注射器灌服。

（2）拌料。粉剂药物可用于拌料，先将药物用少量粉料拌匀，逐渐加大饲料量拌和，最后扩大到所有应拌的料中，拌匀后饲喂，或将药物拌入粉料制成颗粒饲料后饲喂。也可先将药物用水溶解后直接喷雾到饲料表面。对于溶解性不好的药物也可加水搅匀后，逐渐加大饲料量拌和。

（3）片剂、粉剂口服。投喂时由助手保定病兔，操作者一手固定兔的头部并捏住兔口角使口张开，用镊子、筷子或止血钳夹取药片，送入会咽部，使兔吞下。或把药片碾细加少量水调匀，用汤勺柄取适量药物插入口角，将药物放入口中，或用注射器、滴管等吸取药液从口角徐徐灌入。但必须注意，不要误灌入气管内，避免造成异物性肺炎。

（4）水剂、油剂灌服。用带有金属细管头的吸管吸取药液，从兔的口角插入，将液体挤入口中。

2. 药物注射

常用的注射方法有：肌肉注射、皮下注射、静脉注射、腹腔注射等。注射前应对注射部位进行消毒，注射器、针头也应消毒。给病兔注射应每注射一只兔更换一颗针头。

（1）肌肉注射。选择颈侧或大腿外侧肌肉丰厚、无大血管和神经的部位注射。剪毛消毒后垂直、迅速地将针头刺入肌肉，如果有回血，证明针头刺入血管，应拔出针头，更换部位，消毒后重新注射，无回血时，再将药物注入。一次药量不能超过 10mL，若药量多应更换注射部位。水剂、油剂、混悬剂可肌注，刺激性较大的药物，需注于肌肉深部。

（2）皮下注射。在耳根后面、腹下中线两侧或腹股沟附近等皮肤松弛、容易移动的部位注射，先剪毛，再用酒精或碘酊消毒，然后，用左手将皮肤提起，右手将针头刺入被抓皮肤的三角形基部，在皮下 0.8cm 左右，将药物注入。注意针头不能垂直刺入，以防进入腹腔。拔出针头后要对注射部位重新消毒。

油类药物及刺激性大的药物不宜皮下注射。疫苗接种多采用皮下注射。

（3）静脉注射。由助手保定兔，固定头部，左手拇指与无名指及小指相对，捏住耳尖部，以食指和中指夹住压迫静脉向心侧，使耳外缘静脉充血怒张。若静脉不明显时，可用手指弹击耳壳数下或用酒精棉球反复涂擦刺激静脉处皮肤。针头以20°角刺入血管，使针头与血管平行向血管内送入适当深度，回抽见血，推药无阻力为进针正确，缓慢注入药物。注射完毕拔出针头，以酒精棉球压迫片刻，防止出血。静脉注射多次，注射时应先从耳尖开扎，以免影响以后刺针。注入前要排净注射器内空气，以免引起血管栓塞，造成死亡。注射钙剂时，要缓慢注入。

注意，油类药物不能静注，药量多时则要加温。

（4）腹腔注射。在脐后腹部，偏腹中线左侧3mm处。将兔后躯抬高，头朝下，两后肢提起，注射器对着脊柱方向刺针，刺入腹腔后回抽活塞，如无液体、肠内容物及血液后注药。药液应加热与体温相近。此法可用于补液。腹腔注射刺针不宜过深，以免损伤内脏。当兔胃和膀胱空虚时，进行腹腔注射比较适宜。

（5）局部注射。局都注射多用于局部感染，如乳房炎等。在局部感染的四周多点注射，将药物集中注射在局部，可快速地控制病情发展。

3. 药物外用

对于有外伤、体表寄生虫病、皮炎、皮癣的病兔，需要从外部施药。对这种病兔要单笼饲养，以防止其他兔误食药物而中毒。洗涤法是将药物制成适宜浓度的溶液，清洗病兔局部皮肤或鼻、眼、口及创伤部位等。涂抹法是将药物制成软膏或适宜剂型，涂于病兔皮肤或黏膜的表面。浸泡法是将药物制成适宜浓度的溶液，浸泡病兔患部。

▌ 三、常用疫苗及使用方法

● （一） 兔瘟疫苗●

用于预防兔瘟，目前多为组织灭活苗。包括氢氧化铝甲醛苗和蜂胶灭活苗两种。氢氧化铝甲醛苗在仔兔 28～40 日龄初免 1mL（联苗 2mL），20～30d 后可加强 1 次，以后对种兔每季度接种一次。蜂胶灭活苗在仔兔 28～40 日龄初免 1mL，20～30d 后可加强 1 次；60～70 日龄加强免疫 1mL（联苗 2mL），以后对种兔每季度接种 1 次。该苗在 2～8℃阴凉处保存一年，皮下注射，如疫苗出现明显分层，则不能再用。

● （二） 兔巴氏杆菌灭活苗●

用于预防兔巴氏杆菌病。对 1 月龄以上的断奶兔皮下注射 1mL，7d 产生免疫力，免疫期为 6 个月。种兔每年接种 2 次。

● （三） 兔魏氏梭菌灭活苗●

用于预防魏氏梭菌肠炎。对 1 月龄以上的兔，皮下注射 1mL，7d 产生免疫力，免疫期为 4～6 个月。种兔每年接种 2 次。

● （四） 兔大肠杆菌灭活苗●

用于预防兔大肠杆菌病，对 20～30 日龄的仔兔，肌肉注

射 1mL，7d 产生免疫力，免疫期为 4 个月。种兔每季度接种
1 次。

● （五）兔葡萄球菌病灭活疫苗 ●

预防本病菌引起的母兔乳房炎、仔兔黄尿病、脚皮炎等。
母兔于配种前后皮下注射 2mL，每 6 个月 1 次。

● （六）联苗 ●

兔瘟—巴氏杆菌病二联灭活疫苗，皮直下注射 1～2mL，
免疫期为 6 个月。兔巴氏杆菌—波氏杆菌病二联苗，皮下注
射 2mL，免疫期为 6 个月。兔瘟—巴—魏三联灭活苗，皮下
注射 2mL，免疫期为 6 个月。

以上为长毛兔养殖场常用的疫苗，在免疫接种有几点注
意事项：

（1）注射疫苗只是预防疾病，免疫后也有可能发生相应
的疾病，所以日常饲养管理仍是防病的关键。

（2）疫苗属于生物药品，其保存、使用应严格按说明书
进行；接种时的用具及注射部分应严格消毒，做到一只兔换
一颗针头；生物药品不能混合使用，更不能使用过期疫苗；
装过生物药品的空瓶或当天未用完的生物药品，要用高浓度
漂白粉溶液冲洗后再焚烧或深埋处理。

（3）免疫接种后 2～3 周内要观察接种兔，如果接种部位
出现局部肿胀、体温升高症状，一般可不作处理；如果反应
持续时间过长，全身症状明显，应及时诊治。

（4）要建立免疫接种档案，每接种一次疫苗，都应将其
接种日期、疫苗种类、生物药品批号等详细登记。

四、消毒及消毒方法

消毒的目的是消灭环境中的病原体，杜绝一切传染来源，阻止疫病继续蔓延，是综合性预防措施中的重要一环。应该树立正确的消毒观念：消毒胜过投药，消毒可以减少投药，投药不能代替消毒。选用优质的消毒剂做好彻底消毒工作十分重要。兔场必须制定严格的消毒规章制度，并严格执行。

●（一）物理消毒●

1. 机械性消毒

用机械性的方法如清扫、洗刷、通风等清除病原体，是最普通常用的方法。主要是经常清扫粪便、杂物、洗刷兔笼、底板和用具。

2. 火焰消毒

用火焰喷灯喷出的火焰来消毒，通常喷灯的火焰温度达到400~800℃，可用于消毒兔笼、笼底板、产仔箱等，消毒效果好，但要注意防火。在条件差的兔场可用农作物秸秆、竹片等点燃后进行火焰消毒。

3. 煮沸消毒

经煮沸30min后，一般生物可被杀死，适用于医疗器械及工作服等的消毒，在水中加入少量的碱，如用1%~2%的小苏打、0.5%的肥皂或氢氧化钠等，可使蛋白、脂肪溶解，防止金属生锈，提高沸点，增加杀菌作用。主要用于产仔箱内的布条、接产用的工具或注射用具等消毒。

4. 阳光、紫外线、干燥消毒

日光中紫外线具有良好的杀菌能力，阳光的灼热和蒸发水分引起的干燥亦有杀菌作用。家兔的巢箱、垫草、饲草等在直射阳光下照射 2 ~ 3 h，可杀死大多数病原微生物。

● （二）化学消毒●

常用化学药品的溶液进行消毒。化学消毒的效果取决于许多因素，如病原体抵抗力的强弱、所处环境的情况和性质、消毒时的温度、药剂的浓度、时间的长短。选择化学消毒剂时，应考虑选择对该病原消毒力强，对人、畜的毒性小，不损害被消毒的物体，易溶于水，在消毒环境中比较稳定，不易失去作用，又价廉易得和使用方便的消毒药物。

1. 消毒方法

（1）熏蒸消毒。将消毒药物加热或用化学方法，使药物产生气体，扩散至各处，密闭一定时间后通风。如用福尔马林、过氧乙酸等熏蒸。用福尔马林熏蒸时，按每立方米空间12mL 福尔马林。6g 高锰酸钾的比例配齐。将福尔马林放入金属容器中，面积较大时，分放多点，密闭所有门窗，操作者由里向外逐个向皿中加入高锰酸钾，并迅速离开，关闭门窗，密闭 24 h 后通风换气，至无福尔马林气味后方可进人和放兔。

（2）浸泡消毒。将消毒药品按比例配成消毒药液，将需消毒的笼底板等放入消毒液中，浸泡一定时间后取出，用清水洗净后晾干。

（3）喷雾消毒。将消毒药物按规定配成一定比例，用喷雾器喷雾空间、兔笼、墙壁及兔体。

（4）饮水消毒。将消毒药物按规定比例加入水中。

2. 消毒药品

（1）氢氧化钠（又称苛性钠、烧碱或火碱）。主要用于场地、笼舍、接产所用设备等的消毒。2%～4%溶液可杀死病毒和繁殖型细菌，30%溶液10min可杀死芽孢，4%溶液45min杀死芽孢，如加入10%食盐能增强杀芽孢能力。如消毒用具，1～2h后，用清水冲洗干净即可。

（2）石灰（生石灰）。加水即成氢氧化钙，俗名熟石灰或消石灰，消毒作用不强。1%石灰水杀死一般的繁殖型细菌要数小时，对芽孢和结核菌无效。其最大的特点是价廉易得。在兔场可用20份石灰加80份水制成石灰乳，用于涂刷墙体、笼舍、地面、粪沟、雨水沟等，或直接将石灰撒在地面、阴湿地面、粪沟、雨水沟、粪池周围等处消毒。

（3）漂白粉。杀菌作用快而强，价廉而有效，广泛应用于笼舍、地面、粪沟、雨水沟、车辆、饮水等消毒。饮水消毒可按1 000kg河水或井水中加6～10g漂白粉，10～30min后即可饮用；地面和路面可撒干粉再洒水；粪便和污水可按1∶5的用量，一边搅拌，一边加入漂白粉。

（4）福尔马林。含37%～40%的甲醛水溶液，有广谱杀菌作用，对细菌、真菌、病毒和芽孢等均有效，在有机物存在的情况下也是一种良好的消毒剂，缺点是有刺激性气味。以2%～5%水溶液用于喷洒笼壁、地面、食槽及用具消毒；对封闭式兔舍熏蒸按每立方米空间用福尔马林30mL，置于一个较大容器内（至少10倍于药品体积），加高锰酸钾15g，事前关好所有门窗，密闭熏蒸12～24h后打开门窗去味避免人体中毒。熏蒸时室温最好不低于15℃，相对湿度在70%

左右。

（5）过氧乙酸。是强氧化剂，有广谱杀菌作用，作用快而强，能杀死细菌、霉菌芽孢及病毒，不稳定，宜现配现用。0.04%~0.2%溶液用于耐腐蚀小件物品的浸泡消毒，时间2~120min；0.05%~0.5%或以上喷雾，喷雾时消毒人员应戴防护目镜、手套和口罩，喷后密闭门窗1~2h；用3%~5%溶液加热熏蒸，每立方米空间2~5mL，熏蒸后密闭门窗1~2h。

（6）草木灰。其中有效成分是氢氧化钾和碳酸钾。配成20%~30%的溶液，其消毒效果与氢氧化钠相似。

（7）百毒杀。是一种季胺类消毒药。对细菌和病毒都有较好的杀灭作用。3 000倍稀释可对兔舍、兔笼、食槽和工具进行消毒。

（8）二氧化氯。其商品主要为二氧化氯泡腾片。具有杀菌广谱、速效、无毒副产物、无残留，用量少，药效长等特点。是国际上公认的含氯消毒剂中唯一的高效消毒灭菌剂，它可以杀灭一切微生物，包括细菌繁殖体、细菌芽孢、真菌、分枝杆菌和病毒等。兔场主要用于饮水消毒，使用时按说明将二氧化氯泡腾片放入水中静置30min即可饮用。

此外，还有来苏尔、新洁尔灭、高锰酸钾、消毒王和除菌净等。

●（三）生物热消毒●

生物热消毒主要用于污染粪便的无害处理，兔场应该将兔粪和污物集中堆放在离兔舍较远的偏僻处，使粪便堆沤后利用粪便中的微生物发酵产热，可使粪堆的温度达70℃以上。

经过一段时间；可以杀死病毒、病菌、球虫卵囊等病原体而达到消毒目的，同时又保持粪便的肥效。

第三节　长毛兔常见病及防治

一、病毒性出血症(兔瘟)

此病是由病毒性出血症病毒引起家兔的一种烈性传染病，主要危害青、壮年兔，患病后的死亡率可达百分之百。哺乳仔兔不易感染，45~60日龄兔被感染的可能性较高。本病一年四季均可发生，冬春季节发病更多。病兔、死兔是主要传染源。

● (一) 临床症状 ●

本病是兔的一种烈性传染病，依病情分为最急性型、急性型和慢性型。

1. 最急性型

健康兔感染病毒后10~20h即突然死亡，死亡前不表现任何病状，只是在笼内乱跳几下，即刻倒地抽搐、鸣叫而亡。有的鼻孔出血，肛门附近带有胶冻样分泌物。此类多发生在流行初期。

2. 急性型

健康兔感染病毒后24~40h，体温升高至41℃左右，精神沉郁，不愿动，想喝水。临死前体温下降，瘫软，四肢不断划动，抽搐、尖叫。肛门松弛，肛门周围兔毛被少量黄色黏液沾染，粪球外有淡黄色胶样分泌物。有的死兔鼻腔流出泡沫样血液，死后角弓反张。此类型多发生在流行中期。

3. 慢性型

病兔精神沉郁，食欲减退或废绝，消瘦。有的病兔站立不稳，甚至瘫痪。有的病兔可以耐过，但生长缓慢。有的拖延 5～6d 后而死亡。此类多发生在流行后期或疫区。

● （二）病理变化 ●

本病特征性病理变化为各器官出血、淤血、水肿，实质器官的变性和坏死。鼻腔、喉头和气管黏膜高度充血及点状出血，鼻腔和气管内充满血样泡沫和液体。肺脏水肿，有明显的大小不等的出血点，切面紫色，气管环状出血。肝脏肿大，呈土黄色或褐色，有出血点。肾脏明显肿大，淤血，呈红褐色，表面或切面有出血点。脾脏肿大、淤血呈黑紫色。膀胱积尿。

● （三）防治措施 ●

1. 预防

（1）严禁从疫区购入种兔。本病流行期间严禁人员往来。

（2）搞好环境卫生是控制疾病发生有效措施，深埋病兔，定期进行兔舍、兔笼及食槽等用具消毒。

（3）定期用本病疫苗进行预防注射，断奶前后第一接种，20～30d 后第二次接种，以后每 4 个月接种 1 次。

2. 治疗

（1）防止本病的扩散。死兔深埋或烧毁，隔离带毒的病兔，排泄物及一切饲养用具均需彻底消毒。

（2）紧急预防。对未表现临床症状的病兔紧急预防。主要有两种：①被动免疫。使用抗兔瘟高免血清，每兔皮下注射4mL，可迅速控制病情。7d后需再用疫苗进行注射。②主动免疫。每兔皮下或肌肉注射2~3倍量的兔瘟疫苗。注射后4~5d病情可得到控制。

二、A型魏氏梭菌病

本病是由A型魏氏梭菌引起的一种死亡率极高的兔急性胃肠道疾病。病兔出现下痢后在当天或次日即死亡，极少数可拖至1周。不同年龄（除未开料的仔兔）、品种、性别的家兔对本病均易感染。一般1~3月龄幼兔发病率最高。一年四季均可发生，冬春两季发病率最高。长途运输、饲养管理不当、饲料突然更换、气候骤变等应激因素均可促使本病的暴发。

● （一）临床症状 ●

本病的显著症状为急剧下痢，临死前水泻，粪尿具有特殊的腥臭味。病兔精神沉郁，两耳发凉，四肢无力。

● （二）病理变化 ●

胃多胀满，胃底部有大小不一的溃疡。盲肠浆膜，黏膜上有鲜红色的出血斑纹，膀胱积有茶色尿液。

● （三）防治措施 ●

（1）平时应加强饲养管理，饲料中保持足够的粗纤维成分，减少应激因素的发生。

（2）用兔A型魏氏梭菌氢氧化铝灭活菌苗进行预防注

射，每年二次。断奶仔兔应及时预防注射。

（3）初发病的长毛兔每只兔皮下或静脉注射抗 A 型魏氏梭菌高兔血清 4～6mL，辅以 20～40mL 5% 葡萄糖盐水和补液，每天 2～3 次。同时口服青霉素 40 万单位，每天 2～3 次。也可用土霉素等。

三、兔巴氏杆菌病

巴氏杆菌病是家兔常见的一种危害性较大的呼吸道传染病。由于很多家兔鼻腔黏膜带有巴氏杆菌而不表现临床症状，当气温突然变化，忽高忽低；兔舍空气污浊、潮湿，通风不良；兔群拥挤，长途运输；饲料质量差，饲养管理不当；其他疾病或任何应激，均可导致家兔的抗病力下降，存在于上呼吸道的巴氏杆菌得以大量繁殖、增强毒力而引起本病的发生。一年四季均可发病，以春秋季节多发，呈散发或地方性流行。各种年龄的兔均可发生，但以幼龄或体质虚弱的兔更容易感染。本病传播快，常造成整群发病，暴发时可全群覆灭。

● （一）临床症状 ●

急性败血症，生前未及时发现病兆，就突然死亡。亚急性型又称地方性肺炎，表现为体温升高，食欲废绝，腹式呼吸。慢性型可表现为鼻炎、结肠炎、中耳炎（歪头）、皮下脓肿及生殖器官炎症等。

● （二）病理变化 ●

急性败血症可见心、肝、脾等充血、出血，喉头气管肠黏膜出血。地方性肺炎可见胸腔积液，有纤维性渗出物。有时胸腔有脓液。

● （三）防治措施 ●

1. 饲养管理

（1）搞好兔场清洁卫生、保持通风干燥，做好防疫措施，增强机体抵抗力，消除应激因素。

（2）经常检查兔群，发现病兔尽快隔离治疗，严格淘汰病兔。兔舍、兔笼及场地最好用 20% 石灰乳或 3% 来苏儿消毒，用具用 2% 火碱水洗刷消毒。

2. 药物治疗

（1）用抗生素治疗效果显著，可用庆大霉素肌肉注射，每只兔 0.5~1mL，每日 2 次，连用 3 日。

（2）淘汰症状明显的病兔。对无症状健康兔注射菌苗进行预防，以增强兔体免疫力。

四、兔传染性鼻炎

传染性鼻炎是由若干种致病微生物引起的一种慢性呼吸道传染病，与环境因素密切相关，是家兔呼吸道主要传染病之一。本病在一年四季均可发生，尤其在不合理的兔舍建筑，如兔舍采光、通风不好，兔舍拥挤，就更易导致本病流行。

● （一）临床症状 ●

病兔以从鼻腔中排出浆液性、黏液性或黏液脓性分泌物为特征。病初，流清水样鼻涕，以后变黏稠，重者出现脓性分泌物，甚至一侧或两侧鼻孔内结痂，常形成鼻漏，病兔经常打喷嚏或咳嗽，由于分泌物刺激黏膜，发生搔痒，兔子常用爪抓鼻孔，以致鼻孔周围的毛潮湿或脱落，或扭结成团，上唇、鼻孔及附近皮肤发炎肿胀，还可诱发结膜炎、中耳炎和乳腺炎，有时浓稠的分泌物堵塞鼻孔，病兔呼吸困难，发出鼾声。鼻炎的病程长短不一，长的终年不好转，或转为肺炎、肺脓肿而死，轻症的鼻炎兔吃食正常，但可感染其他健康兔。

● （二）　防治措施●

（1）合理建筑兔舍，保证兔舍内光线充足，空气新鲜。并加强饲养管理，不从有鼻炎的兔场引种。

（2）用巴氏杆菌、波氏杆菌病二联苗或巴氏杆菌、波氏杆菌、葡萄球菌病三联免疫注射，可减少肺炎等急性死亡的发病率。

（3）对患有较轻鼻炎的长毛兔，可用鼻炎净饮水治疗。将病兔隔离，远离兔舍。用鼻炎净每毫升加水 1kg，作为兔的饮水或拌料，连用 5～7d，病情好转，再用 1 周，症状可消失。也可用卡那霉素肌注，每天上、下午各一次，每次1.0mL，连续 5～7d。鼻炎严重的兔应坚决淘汰。

五、大肠杆菌病

兔大肠杆菌病主要引起长毛兔拉稀或便秘，粪便中常有胶冻样黏液，稍带腥臭味。还可引起败血症。多引起断奶后仔兔、青年兔腹泻，成年兔的便秘。兔大肠杆菌病一般多发在 1～4 月龄的仔兔，特别是第一胎的仔兔最容易发生，死亡率非常高。本病一年四季均可发生，尤以冬、春季较多发。由于饲养密度过大，通风不良，兔舍潮湿，卫生条件恶劣，饲料的突然改变等，以上诸多因素促使兔体机能紊乱，抵抗力下降，肠道菌群失调，造成致病性大肠杆菌大量繁殖产生毒素而致病。

● （一）临床症状 ●

病兔初期表现精神沉郁，食欲不振，呼吸困难，流鼻涕，腹部膨胀，粪便细小、成串，外包有透明、胶冻状粘液，随后出现水样腹泻，粪便污浊呈灰褐色或灰黄色，且腥臭。肛门周围、尾部、后肢和腹部被毛粘有水样粪便。病兔四肢发冷，磨牙流涎，眼窝下陷，迅速消瘦，卧伏不动，不时从肛门中流出稀便。急性病例通常在 1~2d 内死亡，少数可拖至一周，一般很少自然康复。

● （二）病理变化 ●

腹泻病兔剖检可见胃膨大；十二指肠充满气体并被胆汁黄染；空肠、回肠肠壁薄而透明，内有半有透明胶冻样物和气体；结肠和盲肠黏膜充血；胆囊亦可见胀大，膀胱常胀大。便秘病死兔剖检可见盲肠、结肠内容物较硬且成形，上有胶冻，肠壁有时有出血斑点。败血型可见肺部充血、局部肺实变。仔兔胸腔内有多量灰白色液体，肺实变，纤维素渗出，胸膜与肺粘连。

● （三）防治措施 ●

饲养管理：兔场应加强饲养管理，搞好兔舍卫生，定期消毒。减少各种应激因素，特别是仔兔断乳前后，调整好兔饲料的营养平衡，饲料不能骤然改变，以免引起肠道菌群紊乱。

药物治疗：

（1）按每千克体重黄连素 0.20g 给长毛兔内服，每天 3 次，连续治疗 3d。

（2）腹泻及败血症等病兔治疗可用下列药物：（1）5% 诺氟沙星，每千克体重 0.5mL 注射，1d 2 次；（2）庆大霉素每千克体重 2 万国际单位肌肉注射，一日 2 次；（3）螺旋霉素每千克体重 10mg，肌肉注射，一日 2 次；（4）卡那霉素 25 万国际单位，肌肉注射，一日 2 次；（5）止血敏或维生素 K 1mL，皮下注射，一日 2 次有良好的止泻作用；同时，应给病程稍长的病兔补液。静脉、皮下或腹腔缓慢注射 5% 葡萄糖盐水 10～50mL，另加维生素 C 1mL，口服磺胺片，一天 3 次，鞣酸蛋白、矽炭银等拌湿口服，每天 2 次。

（3）在预防本病时，可用兔大肠杆菌病多价灭活疫苗或多联苗进行免疫注射。

六、母兔乳房炎

母兔乳房炎是产仔母兔常见的一种疾病，常发生于产后 1 周左右的哺乳期，轻者影响仔兔吃乳，重者造成母兔乳房坏死或发生败血症而死亡。该病常因母兔怀孕期饲喂营养过剩、产后乳汁过稠、乳房及产房不清洁、哺乳仔兔少、缺乏饮水或乳房外伤引起细菌感染而发生。

● （一）临床症状●

发病初期在乳房局部出现不同程度的红色肿胀、增大、变硬、皮肤紧张，继之肿块呈红色或蓝紫色，界限分明。1~2d 后硬肿块逐渐增大，发红发热，疼痛明显，触之敏感，病情加重脓汁形成肿块变软，有波动感。当肿块出现凹陷，变成蓝紫色，体温升高，精神沉郁，呼吸加快，食欲减少或废绝。病情加重时，坏死有毒产物吸收或乳腺管破裂引起全身感染，最后导致败血症而死亡。

● （二）防治措施●

饲养管理：

（1）保持兔舍、兔笼、兔分娩箱的清洁卫生，兔笼、分娩箱出入口处要平滑，以防止造成乳房外伤而感染。

（2）产前应加强饲喂管理，适当减少精饲料，以防产后乳汁过多。

（3）在每兔泌乳期间应充分供给饲料和饲草，仔兔断奶后及时减少喂料。

药物防治：

（1）小范围乳房炎可注射青、链霉素各 40 万~50 万国际单位或庆大霉素 1mL，一天两次，连用 3d。

（2）较大范围乳房炎，在患病初期乳房红肿时用冷毛巾敷盖，乳房较冷时用热毛巾热敷，每日 3~4 次，每次 15~30min。在发炎部位多点肌肉注射青霉素、链霉素各 80 万国际单位，每天上、下午各 1 次，病情好转后改为每天肌肉注射青链霉素 50 万国际单位，分两次注射。

（3）对已形成脓肿的乳房炎，需开刀排脓，用消毒药水清洗后，撒上消炎粉或青霉素粉，同时做全身治疗，注射抗生素或口服磺胺类药物。

（4）繁殖母兔每年2次皮下注射葡萄球菌病菌苗，可以减少本病发生。

七、兔脚皮炎

兔脚皮炎也叫干爪病。该病是由兔舍潮湿、卫生条件不好、或患兔脚被刺伤、葡萄球菌侵入引发的蜂窝组织炎所致。

● （一）临床症状●

患兔脚爪出现充血、肿胀、脱毛、形成出血溃疡。病兔表现出不愿活动，后肢抬起，怕负重，或轮换脚负重，有时用嘴啃患处。食欲减少，逐渐消瘦，有时也会出现全身性感染，呈败血症死亡。

● （二）防治措施●

饲养管理：

（1）兔笼底板最好选择竹片制作，并且平整，无钉子头外露，笼内无锐利物等；如为铁丝笼，在底板上最好另行添加竹片底板或兔用脚垫。

（2）保持兔笼清洁卫生和干燥。

（3）对具有习惯性脚皮炎的家兔，不选作种用。

药物防治：

（1）对有轻度炎症的兔，在患部涂抹肤炎平等药膏，一天2~3次。将病兔的笼底板垫上硬纸盒等，连续用药5d。

（2）对已化脓的患部，先清除坏死组织，再消毒，然后用皮炎康等药膏涂患处，用4~6层纱布包裹患处，隔2~3d换药1次。将病兔放在较软的笼底板上，直至伤口愈合，脚毛生长浓密再放回原笼。

（3）用葡萄球菌灭活菌苗进行预防注射，每年2次。

八、球虫病

球虫病是家兔最常见且危害严重的寄生虫病，本病病原是兔艾美尔球虫。球虫属于单细胞原虫，寄生于兔的球虫至少有14种。各品种的家兔都易感染，尤以断奶到3月龄的兔最易感染，成年兔因抵抗力强，一般都能耐过，但不断排出卵囊，污染环境，传染给其他易感兔。此病全年发生，呈地方性流行。

● （一）临床症状 ●

按球虫寄生部位，可分为肝型球虫和肠型球虫。但往往常为混合感染。

（1）肝型球虫病。病初食欲减退或废食、伏卧不动、精神沉郁。两眼无神、眼鼻分泌物增多、贫血、下痢、幼兔生长停滞、消瘦、肝脏肿大，触诊疼痛。

（2）肠型球虫病。大多呈急性经过。多数侵害30~60日龄小兔，发病时突然倒下，肌肉痉挛，背部肌肉抽搐。后肢强直，四肢作不随意划动，头向后仰，发出惨叫而死，死前仍有食欲。慢性肠球虫病表现为食欲不振、腹胀、下痢。

● (二) 病理变化 ●

一般死兔消瘦，被毛粗乱无光，肛门周围被粪便污染。解剖后有的可见肠壁血管充血，肠黏膜充血并有点状溢血，小肠内充满气体和大量黏液，有时肠黏膜覆盖有微红色黏液。慢性病例在肠黏膜上（尤其是盲肠蚓突部）有许多小而硬的白色结节（内含大量球虫卵囊），有时可见化脓性坏死；有的可见肝肿大，肝表面及实质有白色或黄色粟粒大至豌豆大的结节性病灶，沿胆小管分部，取病灶压片镜检，可见到不同发育阶段的球虫，陈旧病灶内容物转变成粉样钙化物。有时腹腔充满稀薄带有血色的液体。慢性病例，胆管和肝小叶间部分结缔组织增生而引起肝细胞萎缩和肝体积缩小，囊胆肿大，胆汁浓稠色暗。

● (三) 防治措施 ●

饲养管理：

（1）兔笼应选择向阳、干燥的地方，并要保持环境的清洁卫生。

（2）食具要勤清洗消毒，兔笼尤其是笼底板要定期开水消毒，以杀死卵囊。

（3）每 2～3 个月检验粪便。

（4）仔兔采用母子分笼饲养，避免仔兔误食兔粪后感染。

药物防治：

防治球虫病的药物较多，但不能长期单独使用某一种药物，应经常更换或 1～2 种抗球虫药交替使用，另外药物剂量要足，搅拌要均匀，要按规定疗程进行，疗程不足会影响防治效果还易发生耐药性。

（1）氯苯胍。预防按每千克体重 10mg 直接喂服，或按 0.03% 拌料中饲喂，疗程 45d，间歇 1 周后，继续下一疗程，治疗量倍增。

（2）磺胺二甲氧嘧啶。饮水使用，治疗剂量：0.05%～0.07%，预防剂量：0.025%；拌料使用，第一天以 0.32% 浓度拌料，以后 4d 的剂量为 0.15% 浓度拌料，间隔 5d 后重复一个疗程。

（3）地克珠利，广谱苯乙腈类抗球虫药，每 100 千克饲料拌入 1‰地克珠利预混剂 100g，治疗量加倍。

在众多抗球虫药中，含有马杜霉素的各种剂型的药，不能用于兔，否则会发生中毒死亡。

九、螨病

螨病是家兔常见病、多发病之一，俗称"生痂"，是兔螨寄生于皮肤的一种外寄生虫病。本病具有高度的侵袭性，发病后如不及时采取有效的防治措施，会迅速传遍全群，造成严重危害。本病特征为患部剧痒、兔体消瘦、皮结痂和脱毛。

● （一）临床症状 ●

按蚧螨的寄生部位可分为耳螨和体螨两类。耳螨发生于耳壳内面，病原是痒螨。在耳根内面发生红肿，有渗出物，结成粗糙、增厚的黄色痂皮，严重时呈纸卷状塞满耳道。患兔经常摇头，用后肢抓挠头耳部。病兔消瘦。体螨主要寄生于脚趾，严重时可感染口鼻端及全身。病原是疥螨。患部皮肤变厚、龟裂。毛脱落，形成很厚的糠疹样结痂。患兔由于奇痒而无法安静，逐渐消瘦虚弱，最后死亡。

● （二）防治措施●

饲养管理：

（1）定期消毒兔舍、兔笼及用具，笼底板要定期浸泡于2％敌百虫水溶液中消毒洗刷，洗净后晾干，用火焰喷灯消毒。

（2）定期检查兔群，一旦发现本病，要及时予以隔离、消毒、治疗，尽量缩小传播范围。

药物防治：

在治疗时要先剪去患部周围被毛，用温水浸软痂皮后，仔细刮除，再行涂药。以提高疗效。每次治疗的同时，应对兔笼及用具兔舍进行消毒，这对治疗效果的巩固至关重要。

（1）2％敌百虫水溶液或软膏擦洗、浸泡或涂抹患部，隔7d重复1次，直至治愈。

（2）0.1％乐杀螨溶液涂擦患部，隔7d重复1次。

（3）蝇毒磷是治疗疥螨的有效药物。以毛笔蘸取蝇毒磷药液（16％蝇毒磷乳油加水70倍稀释而成）涂擦患处，隔7d重复1次。

（4）碘甘油合剂治疗耳螨。以5％碘酊3份，甘油7份混合涂擦患部。隔7d重复1次。

（5）灭虫丁注射液，每千克体重皮下注射0.2mL，也可涂擦患部。隔7～10d重复1次。

十、真菌病

真菌病一年四季均有发生，群发常见于春季和秋冬季节。仔兔 20 日龄左右就会出现毛癣，至 60 日龄左右逐渐消失。如果不注意防治，常造成复发；青年兔，发病凶猛，被毛呈梯状脱落，像癞痢头，生长停滞，常并发疥癣。

● （一）临床症状 ●

仔兔、幼兔真菌病大多发生在鼻、眼、嘴无毛处，患部皮肤微红肿、有皮屑，后期转褐斑，眼周围突出似带眼框，生长停滞，显瘦弱。有的兔大腿内侧绒毛脱光，此时不注意防治易引起死亡。随日龄增长，被毛呈梯形剪断，严重的毛发基本脱光。

● （二）防治措施 ●

（1）加强饲养管理。保持兔舍笼内通风、干燥、卫生，有本病发生时兔舍、兔笼、食槽、用具等要进行全面彻底消毒，场舍和用具以火焰消毒效果最好；消灭老鼠、蚊蝇，防止猫、狗等其他动物进入兔舍内。

（2）药物治疗。对感染真菌兔用伊维菌素皮下注射，每 7d 1 次，连用 2 次，同时每日口服 1 片灰黄霉素（连服 10d）。也可针对患兔局部涂擦克霉唑药水或软膏，每天 3 次，直至痊愈。

十一、异食癖病

某些长毛兔除了正常的采食以外，还出现咬食其他物体，如食仔、食毛、食土等，称之为异食癖。出现这种现象多为营养不平衡所致。

● （一）主要类型及病因 ●

1. 食仔癖

母兔产仔后，将其仔兔部分或全部吃掉。以初产母兔最多，多发生在产后3d以内。其主要原因如下。

（1）营养缺乏，尤其是蛋白质和矿物质不足，产后容易出现食仔。

（2）母兔在产前和产后没有得到足够的饮水，舔食胎衣和胎盘，口渴而黏腻，此时如果没有提前备有饮水，有可能将仔兔吃掉。

（3）产仔期间和产后，母兔精神高度紧张，如果此时受到噪音、震动或动物等的惊吓，造成精神紊乱，多出现吃仔、咬仔、踏仔或弃仔（不再给仔兔哺乳）等现象。

（4）产仔期间周围环境或垫草有不良气味（如老鼠尿味、发霉味、香水味等），造成母兔的疑惑，从而将仔兔当仇敌吃掉。

（5）母兔一旦吃仔，尝到了吃仔的味道，可能在以后产仔时旧病复发，形成恶癖。

2. 食毛症

吃毛分自吃和它吃，以它吃为主。在群养时，当1只兔子吃毛，诱发其他家兔都来效仿，而往往是都集中先吃同一只兔。有的将兔毛吃光后连皮肤也撕破吃掉。笔者研究认为，吃毛的主要原因是饲料中含硫氨基酸（蛋氨酸和胱氨酸）不足，忽冷忽热的气候是诱发因素，以断乳至 3 月龄的生长兔最易发病。

3. 食足癖

即家兔将自己的脚部皮肉吃掉。由于腿部或脚部肌肉、血管、皮肤和神经受到一定损伤，造成代谢系乱，使血液循环障碍，代谢产物不能及时排出，脚部末端炎性水肿，刺激家兔痛痒难忍而发生食足。

4. 食土癖

由于饲料中均缺乏食盐、钙、磷及微量元素，当有土时便不停的啃食。

5. 食木癖

家兔啃食笼舍内的木制或竹制的门窗和器具等。主要是饲料中的粗纤维含量不足，饲料的硬度不够，使家兔不断生长的门齿得不到应有的磨损所致。

● （二）防治措施●

异食癖是由多种原因所致的代谢疾病。有的是一种或少数几种原因引起，有的是多种因素所致，主要防治措施是加强饲养管理。

1. 食仔癖

应保证营养、提供充足的饮水、保持环境安静和防止异味刺激等。母兔在没有达到配种年龄和配种体重时，不要提前交配。对于有食仔经历的母兔，应实行人工催产，并在人工看护下哺乳。一般来说，经过 1 周的时间，不会再发生食仔现象。

2. 食毛癖

应及时将患兔隔离，降低密度，并在饲料中补充 0.1% ~ 0.2% 含硫氨基酸，添加 0.5% 石膏粉，1.5% 硫磺，补充微量元素等。一般经过 1 周左右，即可停止食毛。

3. 食足癖

保证板条平整，间隙适中，防止兔脚卡在间隙里造成骨折。还应积极预防脚皮炎和脚癣。

4. 食土癖

按营养需要，在饲料中补加食盐、磷酸氢钙和微量元素等，很快即可停止。

5. 食木癖

在配合饲料中应有足够的粗纤维，提倡有条件的兔场使用颗粒饲料。平时在兔笼的草架里放些嫩树枝或剪掉的果树枝，让其自由采食，既可预防异食，又可提供营养。

十二、霉变饲料中毒

因饲料或原料中含有的水分较多或者在压制成颗粒饲料后没有及时摊晾风干，在适宜的温度下，饲料中的真菌大量繁殖，产生毒素。这种饲料一旦被家兔摄入，就会造成霉菌毒素中毒，引发死亡。

● （一）临床症状 ●

初期食欲减退甚至拒食，精神不振，可视黏膜黄染，被毛干燥粗乱，不愿活动，常趴卧在笼内；流涎或流泡沫性鼻液，消化出现紊乱，腹涨、便秘或拉稀，粪便中带有黏液；随着病情加重，出现神经症状，后肢瘫软，全身麻痹死亡。急性的常窒息或衰竭而死，慢性中毒的则病程较长。日龄小的仔兔、幼兔及日龄大而体弱的兔发病多，死亡率高；孕兔则发生流产、死胎、瘫软或瘫痪；公兔则表现出死精、无精症。

● （二）病理变化●

剖检可见肠胃有出血性坏死炎症，胃与小肠充血、出血；肝肿大、质脆易碎，表面有出血点；肺水肿，表面有小结节；肾脏淤血。

● （三）防治措施●

本病应以预防为主，不用受潮结块或霉变的原料压制颗粒饲料，平时要妥善保管饲料，勿使霉变，绝对禁用霉变饲料喂兔。一旦发生中毒，应立即停用霉变饲料并调换洁净饲料。此病无特效药物，对轻度中毒兔可口服硫酸镁或硫酸钠等盐类泻剂排毒，静脉注射或腹腔注射50%葡萄糖液10～20mL和维生素C 2mL，每天1～2次，连续3～5d。

第六章　长毛兔养殖场筹建的成本核算及预计收益

本章以养 1 000 只长毛兔生产群规模的养殖场为例进行成本核算和预计收益估算，因时间和地域差异，本例中所有参数和数据仅供参考。

第一节　长毛兔场设计相关参数

■ 一、养殖场规模

该长毛兔家庭养殖场为 1 000 只长毛兔生产群的规模，自繁自养。

■ 二、主要工艺参数

● （一）性成熟年龄●

公兔 4 ~ 5 月；母兔 3 ~ 4 月。

● （二）初配年龄●

公兔 7 ~ 8 月；母兔 6 ~ 7 月。

● （三）发情周期●

4 ~ 6d。

● （四） 妊娠期●

    30～32d。

● （五） 哺乳期●

    28～40d。

● （六） 年产胎数●

    4～5胎。

● （七） 每胎产仔数●

    6～8只。

● （八） 仔兔初生重●

    50～70g。

● （九） 仔兔断奶重●

    500～600g。

● （十） 仔兔断奶成活率●

    70%～85%。

● （十一） 幼兔成活率●

    70%～80%。

● （十二） 种兔公母比●

    1∶8～10。

● （十三） 平均每天每只兔耗料量●

    100～150g。

● （十四）公母兔年平均产毛量●

1.0～1.5kg。

三、工艺流程

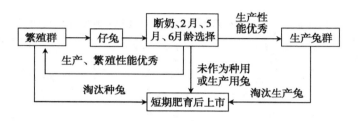

图7　长毛兔家庭养殖场生产工艺流程

四、饲养管理及兔群组成

该长毛兔家庭养殖场采用室内笼养、自繁自养，投料、清粪、剪毛（或拔毛）等为人工操作。

1 000只生产兔群的长毛兔场，参与繁殖的兔群约50只（公母比为1∶8）。繁殖兔群和生产兔群使用年限按3年算，则每年更新繁殖、生产群约340只。繁殖兔群每年产4胎，每胎提供成兔6只，按3∶1选留进入生产兔群。每年淘汰兔肥育后以长毛兔形式出售的340只，第一次选种后（剪胎毛后）出售的约700只长毛兔。

五、兔场建筑种类和面积

该兔场设计4栋半开放式双列式兔舍，水泥预制件三层式兔笼，每栋 300 个笼位，共 1 200 个笼位。设单独的兽医室、隔离舍、饲料间、储物间、管理办公室和宿舍。兔场饮水为地下水或井水，建单独的蓄水池。兔场建筑面积共 751m²，按建筑物占地 20% 计算，全场需要场地面积为 3 835m²（约 5.6 亩）。

表4　1 000 只长毛兔生产群家庭养殖场建筑物种类和建筑面积

建筑物名称	栋（间）数	每栋（间）面积（长×宽，m）	总面积（m²）
兔舍	4	40.0×3.8	608.0
隔离舍	1	5.0×3.8	19.0
消毒间	1	3.0×4.0	12.0
储物间	1	8.0×4.0	32.0
饲料间	1	8.0×4.0	32.0
兽医室	1	4.0×4.0	16.0
管理办公室	1	4.0×4.0	16.0
粪污处理区	1	4.0×4.0	16.0
合计	11		751

第二节　兔场养殖成本核算及效益计算

一、投入成本的组成及计算（表5）

表5　兔场养殖投入成本及计算

项目	年成本（万元）	计算标准
基建	3.2	包括兔舍、其他用房、粪污处理、道路、围墙和水电安装，兔舍采用轻质彩钢钢架结构，其他用房房顶为轻质彩钢、墙体用砖混结构。预计投入计 40 万元，使用年限 10 年，10 年后按 20% 拆旧

（续表）

项目	年成本（万元）	计算标准
兔笼及附设备	1.08	共1 200个笼位，兔笼用预制构件，每个兔笼附属设备包括饮水器、食槽、底板等。兔笼成本50元/个，使用年限10年；附属设备12元/笼，使用年限3年
种兔	0.2	引种进种兔共50只，每只按120元计算，使用年限3年，以后兔场自繁自养
电费	0.36	兔场用水为地下水，只产生电费，每月电费按300元计算
饲料费	15.54	平均每天采食按100g/只，饲料价格按3.5元/kg计算。生产繁殖兔群1 000只，后备兔群340只（后备期6个月，正常采食饲料5个月），选种后出售长毛兔700只（正常采食饲料40d左右）
消毒、防疫、兽药费	0.69	长毛兔每年消毒、防疫、兽药费按5元/只计算
土地租赁费	0.9	按1 500元/（亩·年）算
年投入合计：	21.97	

二、产出组成及计算（表6）

表6 兔场产出及计算

项目	年产出（万元）	计算标准
兔毛	28.7（包括后备兔的两次剪毛）	按每只长毛兔平均年产毛1.3kg，每千克兔毛210元计算
淘汰兔	0.5	按15元/只计算
选种后出售的长毛兔	3.5	按50元/只计算
年产出合计：	32.7	

三、年收益计算

　　家庭长毛兔养殖场的人工为家庭成员，本例中平时只需 1
人饲养管理即可，在全场防疫、剪毛等时，需其他成员帮忙。
兔粪用于生产沼气，沼液用于家庭种植业使用，故在此没有
计算收入。本例中，如果除去专职家庭成员的饲养管理劳务
费（按 3 000 元/月）3.6 万元，本家庭长毛兔养殖场年毛收
入 7.13 万元（资金利息未计入）。

第七章　成功案例

▲ 一、案例

　　重庆某青年，高考落榜后，进厂打工几年，一心想回乡创业，经过市场调研后，决定从事长毛兔家庭养殖。第一年，返乡后修建 50 余个兔笼，采用以青草为主、适当补饲的养殖方法，虚心向养殖能手和畜牧部门专家请教养殖技术，攻克了一个又一个的养殖技术难题，当年养殖长毛兔除去相关费用后收入 5 000 元左右。第二年新建有 200 多个兔笼的兔舍一栋，在第一年养殖经验上，经过细心养殖，向当地销售了 100 余只长毛兔种兔，兔毛销售收入近 5 万元。第三年，再次新建 3 栋兔舍（共 600 多个笼位），在前两年养殖经验的基础上，制定了科学的繁殖计划、兔群周转淘汰计划、饲料供应和牧草轮供计划、选种留种计划、疫病综合防控计划等，在精心饲养管理下，销售种兔 300 余只，兔毛销售收入近 21 万元。除去兔场运行相关费用以及固定资产折旧成本后，年盈利 8 万余元。

▲ 二、案例分析

　　笔者对前述长毛兔养殖成功案例进行了分析，对其成功经验总结如下，以供家庭养殖场投资者参考。

1. 不盲目投资

案例中的投资者首先进行了市场调研，并咨询相关专业人员，进行了可行性分析。从投资规模来看，都没有一步到位，作为家庭养殖场，养殖人员主体是家庭成员，家庭成员对该行业的了解和养殖技术的掌握有一定的过程，如果一开始投资很大，势必会导致在技术和管理上跟不上。

2. 循序渐进地发展

案例中家庭养殖场的发展都是从小规模一步一步发展起来的，先养殖 50 只长毛兔学习养殖技术，在掌握养殖技术的前提下，逐步扩大投资和养殖规模。目前，有些刚从事养殖业的投资者讲究规模，把所有的资金投到场舍建设上，而压缩购买种兔、饲料和养殖技术员的费用，使养殖技术和品种质量跟不上，导致全场闲置设备多，养殖效益不高，达不到预期投资的目的。本案例的投资者从学技术开始，盈利后逐步投资，整个养殖过程中的流动资金有保障，养殖场一直处于良性运行状态。

3. 学科学，用科学

本案例的长毛兔家庭养殖场，把学习养殖技术放在了第一位。善于在养殖过程中发现问题，主动解决问题；充分利用好本地的资源优势和养殖能手及畜牧部门专家的优势，针对实际情况提出科学的解决方案，使家庭养殖场规模逐渐扩大，养殖效益越来越好。

4. 制定科学的经营管理方案

该长毛兔家庭养殖场对今后 5 年的发展进行了规划，制定了每年的发展目标和相应的投资计划，生产计划，兔群周转、饲料供应、牧草轮供应、肉兔销售、种兔淘汰更新等计划，坚持"产出最大化、投入最小化、管理科学化、运转市场化"的经营原则，最后养殖场取得了预期的经济效益。

附 录

附表 1　家兔营养需要量——推荐的日粮营养成分含量

生理阶段 项目	生长兔		妊娠母兔	哺乳母兔	产毛兔	种公兔
	断奶~ 3 月龄	4~ 6 月龄				
消化能（MJ/kg）	10.46	10.46	10.04~10.46	10.88~11.3	10.0~11.30	10.04
粗蛋白质（%）	15~16	15~16	15~16	18	16	17~18
可消化粗蛋白质（%）	11~13	10~11	10.0~11.0	13.5	11	13
粗纤维（%）	14	16	14~15	12~13	13~17	16~17
粗脂肪（%）	3	3	3	3	3	3
蛋能比（g/MJ）	14.3~15.3	14.36~15.3	14.3~15.9	16.5~16.0	16.0~14.2	18
蛋+胱氨酸（%）	0.7	0.7	0.8	0.8	0.7	0.7
赖氨酸（%）	0.8	0.8	0.8	0.9	0.7	0.8
精氨酸（%）	0.8	0.8	0.8	0.9	0.7	0.9
钙（%）	1	1	1	1.2	1	1
磷（%）	0.5	0.5	0.5	0.8	0.5	0.5
维生素 A（u/kg）	8 000	8 000	8 000	1 000	6 000	12 000
维生素 D（u/kg）	900	900	900	1 000	900	1 000
维生素 E（mg/kg）	50	50	60	60	50	60

* （据《中国草食动物》，家兔日粮营养水平的综合评价及推荐的家兔饲养标准，2002）

附表 2 我国各类家兔的建议营养供给量
（每千克日粮中供给量）

营养指标	生长兔		妊振兔	哺乳兔	成年产毛兔	生长肥育兔
	3～12 周龄	12 周龄后				
消化能（MJ）	12.12	11.29～10.45	10.45	10.87～11.29	10.03～10.87	12.12
粗蛋白（%）	18	16	15	18	14～16	18～16
粗纤维（%）	8～10	10～14	10～14	10～12	10～14	8～10
粗脂肪（%）	2～3	2～3	2～3	2～3	2～3	3～5
钙（%）	0.9～1.1	0.5～0.7	0.5～0.7	0.8～1.1	0.5～0.7	1
磷（%）	0.5～0.7	0.3～0.5	0.3～0.5	0.5～0.8	0.3～0.5	0.5
赖氨酸（%）	0.9～1.0	0.7～0.9	0.7～0.9	0.8～1.0	0.5～0.7	1.0
蛋＋胱氨酸（%）	0.7	0.6～0.7	0.6～0.7	0.6～0.7	0.6～0.7	0.4～0.6
精氨酸（%）	0.8～0.9	0.6～0.8	0.6～0.8	0.6～0.8	0.6	0.6
食盐（%）	0.5	0.5	0.5	0.5～0.7	0.5	0.5
铜（mg/kg）	15	15	10	10	10	20
铁（mg/kg）	100	50	50	100	50	100
锰（mg/kg）	15	10	10	10	10	15
锌（mg/kg）	70	40	40	40	40	40
镁（mg/kg）	300～400	300～400	300～400	300～400	300～400	30～400
碘（mg/kg）	0.2	0.2	0.2	0.2	0.2	0.2
维生素 A（kIU）	6～10	6～10	6～10	8～10	6	8
维生素 D（kIU）	1	1	1	1	1	1

* 注：由南京农业大学和扬州大学农学院根据我国养兔生产实际情况，参考国外有关标准制定

附表 3 NRC（1977）兔的营养需要量（每千克日粮需要量）

项目	生长兔	维持兔	妊娠兔	泌乳兔
消化能（MJ/kg）	10.46	8.79	10.46	12.3～14.06
粗蛋白质（%）	16	12	15	17～18
粗脂肪（%）	2	2	2	2

（续表）

项目	生长兔	维持兔	妊娠兔	泌乳兔
粗纤维（%）	10～12	14	10～12	10～12
钙（%）	0.4	—	0.45	0.75
磷（%）	0.22	—	0.37	0.5
食盐（%）	0.65	—	0.5	0.65
钠（%）	0.2	0.2	0.2	0.2
氯（%）	0.3	0.3	0.3	0.3
镁（%）	0.03～0.04	0.03～0.04	0.03～0.04	0.03～0.04
钾（%）	0.6	0.6	0.6	0.6
赖氨酸（%）	0.65	—	0.6	0.8
蛋＋胱氨酸（%）	0.6		0.5	0.56
组氨酸（%）	0.3	—	—	—
精氨酸（%）	0.6	—	0.6	0.8
异亮氨酸（%）	0.6	—	—	—
亮氨酸（%）	1.1			
苏氨酸（%）	0.6			
色氨酸（%）	0.2			
苯＋酪丙氨酸（%）	1.1	—	—	—
缬氨酸（%）	0.7	—	—	—
铁（mg）	100	—	100	100
锌（mg）	20	—	30	30
铜（mg）	3	3	3	3
碘（mg）	0.2	0.2	0.2	0.2
锰（mg）	8.5	2.5	2.5	2.5
维生素 A（IU）	580	—	1 160	—
维生素 D（IU）	1 000		1 000	1 000
维生素 E（mg）	40		40	40
维生素 K（mg）	1.0		0.2	1.0
烟酸（mg）	180	—	50	50
胆碱（mg）	1 200		1 300	1 300
维生素 B_6（mg）	39	—	1.0	1.0
维生素 B_{12}（mg）	10	—	10	10

附表4　法国AEC（1993）建议的兔养分需要量
（每千克日粮需要量）

项目	生长兔（4~11周）	泌乳及乳兔	项目	生长兔（4~11周）	泌乳及乳兔
消化能（MJ/kg）	10.46	10.46~11.3	苏氨酸（%）	0.9	0.9
粗蛋白质（%）	15	17	组氨酸（%）	0.3	0.4
粗纤维（%）	13	12	精氨酸（%）	0.2	0.22
钙（%）	0.8	1.1	异亮氨酸（%）	0.6	0.65
有效磷（%）	0.5	0.8	亮氨酸（%）	1.1	1.3
钠（%）	0.2	0.2	苯+酪丙氨酸（%）	1.1	1.3
赖氨酸（%）	0.7	0.75	缬氨酸（%）	0.7	0.85
蛋+胱氨酸（%）	0.6	0.65	色氨酸（%）	0.6	0.65

附表5　法国AEC（1993）兔微量元素和维生素需要量
（每千克日粮需要量）

项目	需要量	项目	需要量
铁（mg）	30	维生素K_3（mg）	1
锌（mg）	30	烟酸（mg）	50
铜（mg）	5	胆碱（mg）	1 000
碘（mg）	1	维生素B_6（mg）	2
锰（mg）	15	维生素B_{12}（mg）	0.01
硒（mg）	0.08	维生素B_1（mg）	1
钴（mg）	1	维生素B_2（mg）	3.5
维生素A（IU）	10 000	泛酸（mg）	10
维生素D（IU）	1 000	叶酸（mg）	0.3
维生素E（mg）	30	生物素（mg）	1 000

附表6　家兔常用饲料营养价值表（参考）

饲料名称	干物质（%）	消化能（Mal/kg）	粗蛋白质（%）	粗纤维（%）	钙（%）	磷（%）	赖氨酸（%）	蛋+胱氨酸（%）
白三叶	17.7	2.01	3.9	3.5	0.25	0.08	0.16	0.15
芭蕉秆	4.3	0.33	0.3	1.1	0.03	0.01	0.01	0.01
草木犀	16.4	1.42	3.8	4.2	0.22	0.06	0.17	0.08
大白菜	6	0.79	1.4	0.5	0.03	0.04	0.04	0.04
胡萝卜秧	20	1.67	3	3.6	0.4	0.08	0.14	0.08
甘蓝	12.3	1.25	2.3	1.7	0.26	0.04	0.09	0.07
甘薯藤	13.9	1.63	2.2	2.6	0.22	0.07	0.08	0.04
灰菜	18.3	1.67	4.1	2.9	0.34	0.07		
红三叶	12.4	1.38	2.3	3	0.25	0.04	0.08	0.05
聚合草	12.9	1.67	3.2	1.3	0.16	0.12	0.13	0.12
菊苣	20	2.17	2.3	5.5	0.03	0.01	0.06	0.05
苦荬菜	8.8	1.2	1.2	1.2	0.13	0.03	0.08	0.04
牛皮菜	9.7	0.88	2.3	1.2	0.14	0.04	0.01	0.06
绿萍	6	0.71	1.6	0.9	0.06	0.02	0.07	0.07
秣食豆草	19.3	2.26	4.8	3.8	0.38	0.05	0.19	0.11
苜蓿	29.2	2.84	5.3	10.7	0.49	0.09	0.2	0.08
千穗谷	15	1.50	2	5	0.23	0.03	0.07	0.05
苕子	15.6	1.71	4.2	4.1	0.12	0.02	0.21	0.13
水稗草	10	1.17	1.8	2	0.07	0.02		
水浮莲	4.1	0.50	0.9	0.7	0.03	0.01	0.04	0.03
水葫芦	5.1	0.59	0.9	1.2	0.04	0.02	0.04	0.04
水花生	10	1.17	1.3	2.2	0.04	0.02	0.07	0.03
甜菜叶	6.9	0.88	1.4	0.7	0.04	0.03	0.01	0.02
小白菜	7.9	0.92	1.6	1.7	0.04	0.06	0.08	0.03
蕹菜	9.1	0.84	1.9	1.5	0.1	0.04	0.09	0.06
紫云英	13.4	1.63	3.2	2.2	0.17	0.06	0.17	0.11
槐叶粉（干）	89.1	9.99	17.8	11.1	1.19	0.17	1.35	0.37
紫穗槐叶粉（干）	90.6	10.53	23	12.9	1.4	0.4	1.45	0.82

（续表）

饲料名称	干物质（%）	消化能（Mal/kg）	粗蛋白质（%）	粗纤维（%）	钙（%）	磷（%）	赖氨酸（%）	蛋+胱氨酸（%）
松树叶（鲜）	36.1	1.20	2.9	9.8	0.46	0.07	—	—
桑树叶（鲜）	28.3	0.80	4	6.5	0.65	0.85	—	—
榕树叶（鲜）	23.3	0.74	4	5.9	0.03	0.06	—	—
茶叶（干）	89.6	2.91	25	18.1		0.02	—	—
白菜青贮	10.9	0.79	2	2.3	0.29	0.07		
胡萝卜秧青贮	19.7	0.88	3.1	5.7	0.35	0.03		
甘薯藤青贮	18.3	1.00	1.7	4.5			0.05	0.05
甘蓝青贮	9.7	0.88	2.1	1.7	0.15			
马铃薯秧青贮	23	1.05	2.1	6.1	0.27	0.03	0.13	0.12
甜菜叶青贮	37.5	2.68	4.6	7.4				
玉米青贮	22.7	0.75	2.8	8	0.1	0.06	0.17	0.09
紫云英青贮	25	2.72	7.8	5.1				
胡萝卜	10	1.34	0.9	0.9	0.03	0.01	0.04	0.06
甘薯	24.6	3.85	1.1	0.8	0.06	0.07	0.05	0.08
甘薯干	87.9	13.63	3.1	3	0.34	0.11	0.13	0.08
白萝卜	8.2	1.05	0.6	0.8	0.05	0.03	0.02	0.02
马铃薯	20.7	3.26	1.5	0.6	0.02	0.04	0.07	0.06
木薯干	90.1	13.29	3.7	2.2	0.07	0.05	0.12	0.06
南瓜	10	1.30	1.7	0.9	0.02	0.01	0.07	0.08
甜菜	15	1.80	2.7	1.8	0.04	0.02	0.02	0.05
芜青甘蓝	11.5	1.55	1.6	1	0.06	0.05	0.05	0.03
西瓜皮	6.6	0.59	0.6	1.3	0.02	0.02	0.01	0.01
西葫芦	3	0.29	0.6	0.5	0.02	0.05	0.02	0.02
青干草粉	90.6	2.47	8.9	33.7	0.54	0.25	0.31	0.21
秋白草粉	85.2	3.93	6.8	27.5	0.21	0.16	0.29	0.36
苜蓿干草（日晒）	89.6	6.56	15.7	23.9	1.25	0.23	0.61	0.26
苜蓿干草（人工）	91	7.36	18	21.5	1.33	0.29	0.65	0.42

（续表）

饲料名称	干物质（%）	消化能（Mal/kg）	粗蛋白质（%）	粗纤维（%）	钙（%）	磷（%）	赖氨酸（%）	蛋+胱氨酸（%）
秣食豆秧	89	5.27	18.2	31.4	1.7	0.37	0.7	0.43
紫云英草粉	88	6.86	22.3	19.5	1.42	0.43	0.85	0.34
大豆秸粉	93.2	0.71	8.9	39.8	0.87	0.05	0.27	0.14
谷糠	91.1	4.68	8.6	28.1	0.17	0.47	0.21	0.25
花生藤	90	6.90	12.2	21.8	2.8	0.1	0.4	0.27
玉米秸粉	88.8	2.30	5.3	33.4	0.67	0.23	0.05	0.07
高粱秸粉	90	6.82	19.3	21.6	-	-	-	-
大麦	88	12.16	10.5	6.5	0.03	0.3	0.4	0.45
稻谷	88.6	9.49	6.8	8.2	0.03	0.27	0.27	0.3
高粱	87	14.09	8.5	1.5	0.09	0.36	0.24	0.21
裸大麦	87.4	13.84	10.7	2.2	0.07	0.32		
荞麦	87.9	11.08	12.5	12.3	0.13	0.29	0.67	0.65
碎米	87.6	14.67	6.9	0.9	0.14	0.25	0.24	0.36
小麦	86.1	13.59	11.1	2.2	0.05	0.32	0.35	0.56
小米	87.7	12.83	12	7.6	0.04	0.27	0.48	0.37
燕麦	89.6	12.00	9.9	9.7	0.15	0.23	0.58	0.12
玉米（北京）	88	14.34	8.5	1.3	0.02	0.21	0.26	0.48
玉米（黑龙江）	88.3	14.04	7.8	2.1	0.03	0.28	0.25	0.42
大麦麸	87	12.37	15.4	5.1	0.33	0.48	0.32	0.33
大麦糠	88.2	10.20	12.8	11.2	0.33	0.48	0.32	0.33
高粱糠	88.4	12.08	10.3	6.9	0.3	0.44	0.38	0.39
米糠	86.7	9.07	11.6	6.4	0.06	1.58		
统糠（三七）	90	3.18	5.4	31.7	0.36	0.43	0.21	0.3
统糠（二八）	90.6	2.09	4.4	34.7	0.39	0.32	0.18	0.26
小麦麸	87.9	10.58	13.5	10.4	0.22	1.09	0.67	0.74
细米糠	89.9	15.68	14.8	9.5	0.09	1.74	0.57	0.67
细麦糠	88.1	13.21	14.3	4.6	0.09	0.5	0.5	0.35
玉米糠	87.5	10.91	9.9	9.5	0.08	0.48	0.49	0.27

（续表）

饲料名称	干物质（%）	消化能（Mal/kg）	粗蛋白质（%）	粗纤维（%）	钙（%）	磷（%）	赖氨酸（%）	蛋+胱氨酸（%）
三等面粉	87.8	14.09	11	0.8	0.12	0.13	0.42	0.67
蚕豆	87.3	12.87	24.5	5.9	0.09	0.38	1.82	0.79
大豆	88.8	16.55	31.7	4.9	0.25	0.55	2.51	0.92
黑豆	91	16.39	37.9	5.7	0.27	0.52	1.6	0.56
豌豆	87.3	12.96	22.2	5.6	0.14	0.34	1.88	0.42
小豆	88	13.33	20.7	10.6	0.07	0.31	1.6	0.24
菜籽饼	91.2	11.58	37.4	11.7	0.61	0.95	1.18	2.18
豆饼	88.2	13.54	41.6	4.5	0.32	0.5	2.49	1.23
亚麻饼	90.5	10.91	31.1	13.5	0.45	0.54	0.77	0.5
花生饼	89.6	14.04	43.8	3.7	0.33	0.58	1.17	1.75
糠饼	91.5	10.74	13.6	11.7	0.07	1.87	0.54	0.92
棉仁饼	90.3	10.87	35.7	13.5	0.4	0.5	1.59	1.58
葵籽饼（带壳）	89	7.61	31.5	22.6	0.4	0.4	0.58	0.66
棉籽饼	92.3	11.54	32.3	12.5	0.36	0.81	1.15	1.09
椰子饼	91.2	11.20	24.7	12.9	0.04	0.06	0.54	0.53
亚麻籽饼	91.1	12.58	35.9	8.9	0.39	0.87	0.9	0.54
玉米胚芽饼	91.8	13.46	16.8	5.5	0.04	1.48	0.67	0.8
芝麻饼	91.7	14.00	35.4	4.9	1.49	1.16	0.76	1.69
豆粕	89.6	13.08	45.6	5.9	0.26	0.57	2.9	1.32
醋糟	35.2	4.72	8.5	3	0.73	0.28	0.27	0.55
豆腐渣	15	1.38	3.9	2.8	0.02	0.04	0.26	0.12
粉渣（豆类）	14	1.21	2.1	2.8	0.06	0.03		
粉渣（薯类）	11.8	1.25	2	1.8	0.08	0.04	0.14	0.12
酒糟	32.5	3.39	7.5	5.7	0.19	0.2	0.33	0.8
啤酒糟	13.6	1.38	3.6	2.3	0.06	0.08	0.14	0.19
甜菜渣	15.2	1.42	1.3	2.8	0.11	0.02	0.34	0.18
酱渣	35	3.80	11.4	3.3	0.07	0.03	0.53	1.41
牛乳	12.2	3.05	2.9	0	0.22	0.09	0.24	0.13

（续表）

饲料名称	干物质（%）	消化能（Mal/kg）	粗蛋白质（%）	粗纤维（%）	钙（%）	磷（%）	赖氨酸（%）	蛋+胱氨酸（%）
蚕蛹渣	90.5	12.71	69.7	0	0.3	0.77	3.61	3.63
鱼粉（秘鲁）	92	12.41	65.1	0	5.1	2.88	5.1	2.2
全脂奶粉	90	22.49	21.4	0	1.62	0.66	2.4	1.08
脱脂奶粉	92	13.75	30.9	-	1.5	0.94	2.6	1.4
血粉	89.3	10.91	78	-	0.3	0.23	7.04	2.47
酵母	91.7	12.21	47.1	-	0.45	1.48	2.57	0.27
鱼粉	91.3	11.41	53.6		3.1	1.17	3.9	1.62
贝壳粉					32.6			
蛋壳粉					37	0.15		
磷酸氢钙					30.12	13.46		
磷酸钙					27.91	14.38		
磷酸氢钙					23.1	18.7		
石粉					35	0		

* 摘自谷子林、薛家宾主编，《现代养兔实用百科全书》。

参考文献

[1] 李震钟. 畜牧场生产工艺与畜舍设计 [M]. 北京：中国农业出版社，2000.

[2] 李福昌. 兔生产学 [M]. 北京：中国农业出版社，2009.

[3] 谷子林，薛家宾. 现代养兔实用百科全书 [M]. 北京：中国农业出版社，2007.

[4] 陈树林，孙志宏. 家兔养殖新技术 [M]. 杨凌：西北农林科技大学出版社，2005.

[5] 朱春生. 长毛兔提高饲养效益实用技术 [M]. 呼和浩特：内蒙古人民出版社，2007.

[6] 陈井方，韩洪亮. 长毛兔兔笼的设计及其类型 [J]. 养殖技术顾问，2010，4：199.

[7] 刘海艳，高远. 长毛兔的繁殖季节与配种方法 [J]. 养殖技术顾问，2010，2：179.

[8] 李向丽. 长毛兔采毛方法及注意事项 [J]. 河南畜牧兽医，2012，33（11）：20－21.

[9] 颜玲侠. 不同季节长毛兔饲养管理要点及注意事项 [J]. 中国养兔，2008，8：9－10.

[10] 李宏，魏云霞. 家兔日粮营养水平的综合评价及推荐的

家兔饲养标准 [J]. 中国草食动物, 2002, 22 (2)：
38 - 41.

[11] 李福昌, 朱瑞良, 等. 长毛兔高效养殖新技术 [M].
山东：山东科学技术出版社, 2002.

[12] 马国柱, 马坚进. 现代企业经营管理学 [M]. 上海：
立信会计出版社, 1998.

[13] 周元军. 獭兔饲养简明图说 [M]. 北京：中国农业出
版社, 2001.

[14] 陈伟华, 巫新森. 纯兔毛织品的加工技术与产品开发
[J]. 针织工业, 2007 (4)：26 - 29.

[15] 郭鹏飞, 朱亚伟. 精纺纯兔绒针织物的研究开发 [J].
纺织科技进展, 2013 (2)：14 - 16.

[16] 李辉芹, 巩继贤, 等. 兔毛纤维的结构性能与加工研究
动态 [J]. 毛纺科技, 2011, 39 (8)：40 - 43.

[17] 郑艳华, 张宝庆, 等. 庭院养兔 [M]. 北京：中国农
业出版社, 2002.12

[18] 杜绍范, 刘凤翥, 等. 养肉兔 [M]. 北京：农村读物
出版社, 1999.7

[19] 孟正平, 杨爱祥. 家兔粪便的价值与利用 [J]. 中国养
兔杂志, 1996 (1)：34 - 63.

[20] 雷振芳. 兔粪的综合利用方法 [J]. 广西畜牧兽医,
2009, 25 (5)：293 - 295.

[21] 谷子林, 高振华, 等. 怎样养獭兔多赚钱 [M]. 石家
庄：河北科学技术出版社, 2003.

[22] 郑艳华, 张宝庆, 等. 庭院养兔 [M]. 北京：中国农

业出版社，2002.12

[23] 张玉，时丽华，等．獭兔饲养技术［M］．北京：中国农业出版社，2006.6

[24] 朱春生．长毛兔提高饲养效益实用技术［M］．呼和浩特：内蒙古人民出版社，2007.

[25] 周元军，周秀岩，等．獭兔饲养简明图说［M］．北京：中国农业出版社，2001.10

[26] 李向丽．长毛兔采毛方法及注意事项［J］．河南畜牧兽医，2012，33（11）：20－21.